今すぐ使える かんたん テレワーク入門

Imasugu Tsukaeru Kantan Series : Tele

JN014354

技術評論社

本書の使い方

- 画面の手順解説だけを読めば、作業できるようになる！
- もっと詳しく知りたい人は、両端の「側注」を読んで納得！
- これだけは覚えておきたいステップを厳選して紹介！

特長① ステップごとにまとまっているので、「やりたいこと」がすぐに見つかる！

● 基本作業

赤い矢印の部分だけを読んで、パソコンを操作すれば、難しいことはわからなくても、あっという間に作業できる！

Section 48 Googleカレンダーを共有しよう

Googleカレンダーでは、カレンダーを自分以外のユーザーと共有することができます。グループでカレンダーを共有することで、同じ予定を複数のメンバーが閲覧／編集できるようになります。

特長②

やわらかい上質な紙を
使っているので、
開いたら閉じにくい！

● 補足説明

作業の補足的な内容を「側注」にまとめているので、
よくわからないときに活用すると、疑問が解決！

 メモ
補足説明

 ヒント
便利な機能

 キーワード
用語の解説

 ステップ
アップ
応用操作解説

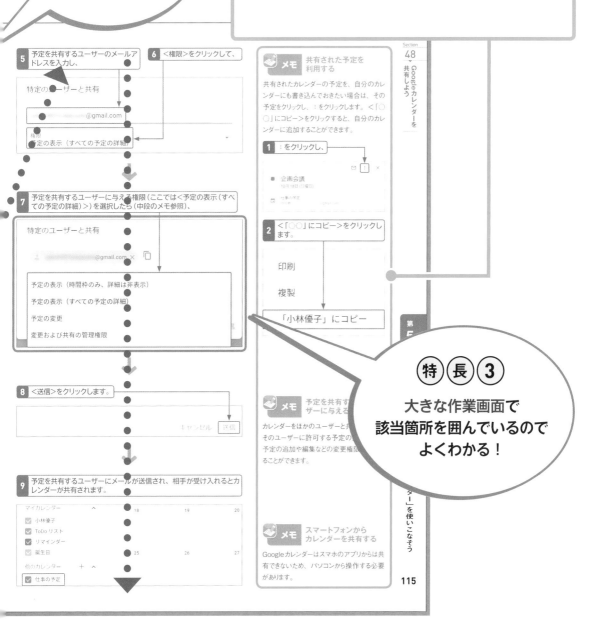

特長③

大きな作業画面で
該当箇所を囲んでいるので
よくわかる！

本書の表記について

- 本書の解説は、基本的にマウスを使って操作することを前提としています。
- お使いのパソコンのタッチパッド、タッチ対応モニターを使って操作する場合は、各操作を次のように読み替えてください。

▼ クリック（左クリック）

クリック（左クリック）の操作は、画面上にある要素やメニューの項目を選択したり、ボタンを押したりする際に使います。

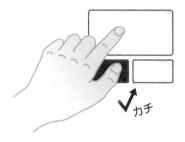

> マウスの左ボタンを1回押します。

> タッチパッドの左ボタン（機種によっては左下の領域）を1回押します。

▼ 右クリック

右クリックの操作は、操作対象に関する特別なメニューを表示する場合などに使います。

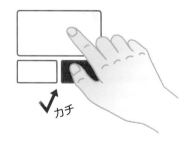

> マウスの右ボタンを1回押します。

> タッチパッドの右ボタン（機種によっては右下の領域）を1回押します。

▼ ダブルクリック

ダブルクリックの操作は、各種アプリを起動したり、ファイルやフォルダなどを開いたりする際に使います。

カチ
カチ

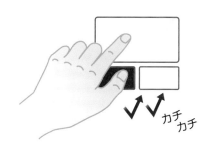

カチ
カチ

マウスの左ボタンをすばやく2回押します。

タッチパッドの左ボタン（機種によっては左下の領域）をすばやく2回押します。

▼ ドラッグ

ドラッグの操作は、画面上の操作対象を別の場所に移動したり、操作対象のサイズを変更したりする際に使います。

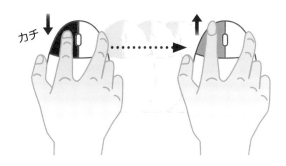

カチ

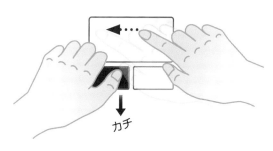

カチ

マウスの左ボタンを押したまま、マウスを動かします。目的の操作が完了したら、左ボタンから指を離します。

タッチパッドの左ボタン（機種によっては左下の領域）を押したまま、タッチパッドを指でなぞります。目的の操作が完了したら、左ボタンから指を離します。

 **メモ** ホイールの使い方

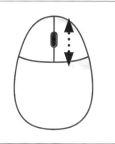

ほとんどのマウスには、左ボタンと右ボタンの間にホイールが付いています。ホイールを上下に回転させると、Webページなどの画面を上下にスクロールすることができます。そのほかにも、Ctrl キーを押しながらホイールを回転させると、画面を拡大／縮小したり、フォルダのアイコンの大きさを変えたりすることができ、Shift キーを押しながらホイールを回転させると、画面を左右にスクロールすることができます。

目次

第 **3** 章　**ビジネスチャットツール「Microsoft Teams」を使いこなそう**

目次

第 4 章 リモートデスクトップ機能「Chrome リモート デスクトップ」を使いこなそう

第5章 スケジュール管理サービス「Googleカレンダー」を使いこなそう

目次

付録 1　主なテレワークツールの導入方法

目次

Chapter 01

第1章

テレワークの基本

Section 01 テレワークとは

テレワークとは、「オフィスから離れたところで働く」ことを意味しており、情報通信機器（ICT）を活用した、場所や時間にとらわれない働き方です。テレワークを導入することで働き方の選択肢が広がるうえ、生産性や人材、コストなど、さまざまな面でメリットが期待できます。

覚えておきたいキーワード
- ☑ テレワーク
- ☑ 情報通信機器（ICT）
- ☑ テレワークのメリット

1 場所や時間にとらわれない働き方

 メモ ICT

Information（情報）and Communications（通信）Technology（技術）の略称です。「IT＝情報技術」に加え、コミュニケーション（通信）性が具体的に表現されている点に特徴があります。ネットワーク通信による、情報や知識の共有が強調されている表現です。ICT機器の例として、パソコンやスマートフォン、タブレットなどがあります。いずれも人とのコミュニケーションを補助する役割がメインであるため、ICT機器に分類されます。

テレワークとは、情報通信機器（ICT）を活用した、場所や時間にとらわれない柔軟な働き方のことです。また、テレワークは英語で表記すると「telework」。「tele＝離れたところ」と「work＝仕事」の2つの言葉を組み合わせた造語でもあります。つまりテレワークは、「オフィスから離れたところで働く」という意味でもあります。

テレワークは、働く場所によって、自宅利用型テレワーク（在宅勤務）、モバイルワーク、施設利用型テレワーク（サテライトオフィス勤務）の3つに分けられます。

テレワークで働くそれぞれの場所

在宅勤務 　モバイルワーク 　サテライトオフィス

キーワード サテライトオフィス

サテライトオフィスとは、主に従業員の働き方に重点を置いた呼び方であり、本社とは異なる拠点に設置されたオフィスのことです。本社とは別に都市部に設置される「都市型サテライトオフィス」、郊外に設置される「郊外型サテライトオフィス」、あえて人口の少ない田舎に設置する「地方型サテライトオフィス」の3種類に分類できます。効率的に時間を活用できるだけでなく、BCP（事業継続計画）対策などのメリットがあり、近年注目されています。

自宅利用型テレワーク（在宅勤務）は、自宅にいながら会社とはパソコンとインターネット、電話などで連絡を取る働き方です。モバイルワークは、顧客先や移動中にパソコンやスマートフォンを使う働き方。そして、施設利用型テレワーク（サテライトオフィス勤務）は、勤務先以外のオフィススペースでパソコンなどを利用する働き方です。サテライトには「衛星」の意味があり、企業などの本社・本拠地から離れた場所に設置される小規模のオフィスは、サテライトオフィスと呼ばれます。

テレワークを取り入れることで、今後働く場所や時間にとらわれなくなると、仕事を円滑に進めていくうえで選択の幅が広がることも期待できます。

2 テレワークのメリットとは

テレワークにはさまざまなメリットがありますが、大きく分けて7つにまとめることができます。その中には環境負荷の軽減や雇用の創出など、社会に対して大きな影響をもたらすものもあります。

生産性の向上

自宅や社外の専用スペースなど、作業のみに集中できる空間での勤務になるため、社内業務中に発生していた予定外の打ち合わせや会議、顧客の訪問など、予期しないイベントによる作業の中断が大幅に減ります。また、パソコンやスマートフォンを用いて移動中に作業を進めるなど、業務の効率化を図ることもできます。

優秀な人材の確保

テレワークという柔軟な勤務体系は、従業員から見ると魅力的です。今後はテレワークの需要はますます高まり、テレワークの推進によって優秀な人材が集まりやすくなることが予想されます。また、子育てや介護といった家庭の事情がある従業員の雇用維持にも貢献できます。

ワーク・ライフ・バランスの実現

テレワーク中に計画的に業務を遂行することにより、プライベートや家族との時間も捻出することができます。

雇用創出と労働力創造

退職した高齢者、通勤が困難な障がい者、遠方居住者など新規の雇用を創り出せる可能性があります。

事業持続性の確保（BCP）

自然災害や感染症のパンデミック、そのほかの非常事態などが起きた場合でも事業を継続できる可能性が高まります。また、社内でICT環境を構築しておけば、従業員どうしでの迅速な情報伝達や共有が可能で、トラブル時の早期復旧にもつながります。

オフィスコスト削減

従業員が毎日出社する必要がないので、通勤定期代などの交通費を減らせます。また、業務で必要な資料や書類を電子ファイル化して社外からアクセスできるようにすれば、印刷コストやオフィス維持費なども削減することができます。

環境負荷の削減

通勤減少、オフィスの省力化にともない、電力消費量やCO_2排出量の削減を見込めます。

キーワード BCP

BCPとは事業継続計画（Business Continuity Plan）の頭文字からできた言葉です。企業がテロや災害、システム障害など、危機的な状況下に置かれた場合でも、重要な業務が継続できる方策を用意し、生き延びられるようにしておくための計画のことです。特に、日本のように自然災害の多い国では、BCPの一環としてもテレワーク導入に取り組む必要性があります。

メモ 企業ブランドやイメージ向上にも

現在、日本でテレワークに取り組んでいる企業は全体の2割ほどだといわれています。政府が要請を出している昨今でさえ、いまだ在宅勤務率が劇的に増えている兆しはありません。そのような状況だからこそ、テレワークを積極的に導入することで、先進的な取り組みを行なう企業としてブランドイメージを向上させることもできるでしょう。

テレワークに必要な環境

テレワークを導入するにあたって、まず環境面を整えていく必要があります。普段の業務環境と異なる場所での作業となるので、極力心身にストレスのかからない環境にしたいものです。ここでは、そのために会社側で必要な準備と自宅で必要な作業環境について紹介します。

1 会社に必要な準備とは

メモ テレワークの
労務管理方法

従来からある労務管理ルールを変更しないままテレワークを実施している会社が多いようですが、必要に応じてルールを再検討することも大切です。

メモ テレワーク導入の範囲

全従業員を対象として、いきなりテレワーク環境を整備するのは困難です。テレワークに必要な準備や経費は、「誰が」「どんな業務を遂行するか」によって変わります。そのため、まずは役員や緊急時に対応が必要な人からテレワークを開始したり、必要性が高い部署や移行が可能な部署からテレワークを開始したりするなど、役職や部署などを範囲として、いくつかの段階を経てテレワークを導入していくとよいでしょう。

キーワード テザリング

英語の「tether（つなぐ）」をもとにした言葉で、モバイル端末をアクセスポイントとして、ほかの機器をインターネットに接続することです。多くの場合、スマートフォン経由でパソコンやタブレットをインターネットにつなぐことを指します。

会社がテレワークを導入するための準備として、最初に必要なのはネットワーク環境の確認です。次に、パソコンやスマートフォンなど情報通信機器やその周辺機器の支給です。最後が、Web会議に参加するための環境構築です。大まかに考えて、これらの要素が整っていればテレワークは可能です。また、会社によっては自宅の光熱費や水道代、その他の備品代などをサポートするケースもあり、事前に細かい取り決めをしておくとよいでしょう。

ネットワーク環境の確認

テレワークではインターネットに接続する必要があるので、従業員の自宅にネットワーク環境が整っているか確認しておきましょう。会社のWi-Fiに接続しない場合、会社支給のモバイルWi-Fiルーターを利用することや、個人の通信端末、あるいは自宅のWi-Fiへの接続などが考えられます。従業員のネットワーク環境によっては、業務分の通信費用をどの程度負担するか検討する必要があるかもしれません。

パソコンや周辺機器類の支給

私物のパソコンを使用可能にする場合もありますが、安全性を考えると、セキュリティ対策を施したパソコンを会社が支給するのが理想です。在宅用のノートパソコンを会社が全社員に支給することで、機材購入にかかる費用を安価で抑えることも可能です。

Web会議参加への環境整備

社外から会議に参加する場面は必ず出てくるため、Web会議に参加するための環境構築は重要です。会社支給のパソコンを用意する場合は、あわせてパソコンのカメラとマイクの性能もチェックしておきましょう。

2 自宅に必要な作業環境とは

自宅利用型テレワーク（在宅勤務）を行う場合、基本的に自宅がオフィスになります。業務の効率化を図るためにも、より快適な作業環境を整えることは大切です。どのような機器や作業環境が必要になるか、確認していきましょう。

安定したネットワークとパソコン機器類

業務をさくさくこなすためにも、安定したネットワーク環境やパソコンは最重要です。画面表示が遅く、スムーズな漢字変換ができないパソコンではそれだけでストレスになり、作業効率も低下します。また、自宅からWeb会議に参加する場合、相手とのやり取りにタイムラグが生じるととても不便です。会社から支給されたパソコンを使う場合もあると思いますが、自宅でのテレワーク中にこのような不満を感じる場合は、ネットワーク環境やパソコンの見直しをおすすめします。

さらに、Web会議のときにクリアな音声でやり取りするため、別売りのイヤホンやマイクがあると便利です。

作業しやすいワークスペース

パソコンを置いて書き仕事もできるデスクや、長時間座っていても疲れにくいイス。必要に応じて、プリンター・スキャナーなどの周辺機器やそれを置く台なども準備する必要があります。

使用するアイテムのほか、室温や湿度、室内の明るさなどにも気を配りましょう。スムーズな作業には、室内の明るさも重要です。暗すぎず、適度な明るさが理想的です。詳しくは、厚生労働省が発表している「自宅等でテレワークを行う際の作業環境整備イメージ」を参考にするとよいでしょう。

 メモ 会社の福利厚生で負担

一部には、自宅のテレワーク環境を整備するのに要した費用を福利厚生で負担してくれる会社もあります。福利厚生の内容は会社によって異なるため、自社の状況をチェックしましょう。

 メモ 必要な機材とツール

Web会議を行う場合、映像用のWebカメラや音声用のマイク、スピーカーが必要です。最近のノートパソコンの多くはこれらを標準で搭載していますが、搭載していない場合は別途購入する必要があります。音声に関しては、ヘッドホンとマイクが一体化したヘッドセットでも代用できます。また、パソコンにはOffice系のソフトウェアやWeb会議、ビジネスチャット用のツールをインストールしておくことも不可欠です。仕事上でデータをやり取りするために、クラウド環境も忘れずに整えておきましょう。

 メモ 作業中の姿勢や
作業時間にも気を付ける

デスクにパソコンを置いて作業する場合、イスに深く腰かけ、背もたれに背を十分にあて、足裏全体が床についた姿勢が基本です。しかし、ずっとイスに座ったままで作業していると、どうしても体が疲れてくるものです。そのようなときは、適度に休憩を挟んだり、ストレッチして姿勢を変えたりするなどして、過度に長時間の作業を続けないように気を付けましょう。

テレワーク中の
ネット環境とセキュリティ

覚えておきたいキーワード
- ☑ インターネット環境
- ☑ セキュリティ対策
- ☑ 情報漏洩

テレワークはインターネットに接続するため、通信回線が必要不可欠です。自分の生活環境に合った通信回線を選択することと、万全のセキュリティ対策を施したテレワーク環境を整えることがポイントとなります。

1 テレワークに適したネット環境とは

メモ インターネット回線の種類

インターネットで使用する回線は、固定回線と無線回線の2つに大別できます。固定回線には「光回線」と「ADSL」があります。ADSLは既存の電話回線を使用するため回線工事をする必要がない点が魅力ですが、光回線と比べると通信速度がかなり落ちてしまいます。また、サービスの終了が迫っていることもあり、これからテレワークを始める場合には、あまりおすすめできません。

インターネット回線の中で、もっとも通信速度と安定性に優れているのが光回線インターネットです。プロバイダーごとに特長や特典があります。専用回線を設置するため、初回に数時間の回線工事が必要になります。

フレッツ光

https://flets.com/

キーワード 無線回線

無線回線には「WiMAX」と「モバイルWi-Fi」「ソフトバンクエアー」があります。WiMAXとモバイルWi-Fiは初回の工事が不要なうえ、ルーターのため持ち運びでき、場所を問わず利用することができます。ただ、WiMAXは電波が遮断物に弱いため、建物内に届きにくいのが難点です。一方、モバイルWi-Fiは電波は強いものの、WiMAXより料金が高めの設定になっています。ソフトバンクエアーについても工事不要で、ソフトバンクユーザーであればスマートフォンや携帯電話料金の割引も受けられますが、宅内でしか利用できないので注意が必要です。

J:COM

https://www.jcom.co.jp/

自宅で仕事をする場合、生活環境によって適したネット環境は変わってきます。一人暮らしか、家族のメンバーが多いかなども考慮して、自身に合ったインターネット回線やプラン等を選ぶ必要があります。

2 セキュリティ対策で注意したいこと

テレワークで特に注意したいのは「セキュリティ対策」です。テレワークは便利な反面、情報漏洩などのリスクが高くなるため、会社と従業員で対策に取り組む必要があります。

自宅環境の整備

自宅で使うパソコンにセキュリティ対策ソフトを導入したり、暗号化されたWi-Fiを使用したりすることで、情報漏洩を防ぎます。

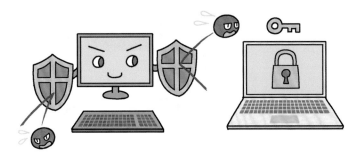

バックアップを取る

重要データの喪失や作業中断にもつながるため、クラウドサービスなどにバックアップ（保存）しながら作業を行いましょう。

仮想化サービス

自宅からオフィス内のデータにアクセスする際は仮想化ネットワーク（VPN）を利用したり、クラウド上のコンピューターにアクセスしたりする方法を取ることで、セキュリティの強化を実現します。

メモ テレワークの3つの危険

社内勤務の場合と同じく、テレワーク中は「従業員による情報漏洩」「重要情報の喪失」「悪意ある第三者からの攻撃」という3つの危険に注意する必要があります。

メモ テレワークセキュリティガイドライン

総務省から提示されている「テレワークセキュリティガイドライン第4版」では、「ルール」「技術」「人」の3点でセキュリティ対策を講じるよう解説しています。たとえば、「ルール」は企業や従業員が扱うアカウント管理の徹底や持ち出し情報の制限など。「技術」はデータの暗号化やアクセス制限など。「人」はパソコンやスマートフォンの盗難・破損などを未然に防ぐためのガイドラインが紹介されています。

https://www.soumu.go.jp/menu_
news/s-news/01ryutsu02_
02000200.html

ヒント フリーWi-Fiでの作業は避ける

外出先などで使えるフリーWi-Fiは普段なら便利ですが、テレワークの際にはセキュリティ面で不安が残ります。そのため、テレワークで使用するときは、フリーWi-Fiを避けて、モバイルWi-FiルーターやVPNなどを使用するようにしましょう。

テレワークツールで できること

テレワークでの業務を効率化するために、さまざまなツールが提供されています。ここでは、「ビジネスチャット」「Web会議」「クラウドストレージ」「書類の作成・共同編集」「リモートデスクトップ」「スケジュール管理」など、テレワーク用のツールでできることを紹介します。

1 ビジネスチャット

 メモ　高いセキュリティ基準

個人向けのチャットツールやSNSでは、情報漏洩やアカウントの乗っ取りなどが発生する危険性もあります。しかし、ビジネスチャットであれば、暗号化やユーザー認証、管理者権限の設定など、ツールごとに高いセキュリティ機能を備えています。また、メールと異なり、送信先を間違えて情報が外部に流出するというリスクも最小限に留められます。

キーワード　チャット

チャットとは、インターネット上で会話をするしくみのことです。短い文章で頻繁にやり取りをすることを重視しているため、会話に近い感覚でコミュニケーションを取ることができます。

 ヒント　ビジネスチャットの 選定のポイント

ビジネスチャットは「社内SNS」と呼ばれることもあり、この機能に対応するツールはかなり豊富に流通しています。自社に適したサービスを選ぶために、「必要な機能を使えるか」「セキュリティ面は安全か」「料金体系は合っているか」「使い勝手はどうか」などのポイントをチェックしながら導入を検討しましょう。

社内外での業務連絡を円滑に進めたいときに役立つのが「ビジネスチャット」です。特にビジネスの場面で利用されるコミュニケーションツールのため、ビジネスチャットと呼ばれます。メイン機能はテキストを基本としたメッセージのやり取りですが、メールよりも手軽なうえ、SNSよりも管理機能が強化されています。従業員どうしの交流のほか、企画・プロジェクトの周知やタスクの管理・伝達などのツールとしても使用することができます。

チャット機能

チャットを使った、リアルタイムのコミュニケーションがビジネスチャットの基本機能です。メールのようにあいさつ文や署名を入れるといったマナーがないため、より気軽にやり取りできます。その結果、より円滑な報告・連絡・相談が可能になります。

グループ作成機能

グループ作成機能では、複数人のグループチャットを作成することができます。部署やプロジェクトごとでやり取りしたいときに便利です。メンバーの追加や削除も随時行えます。

音声通話・ビデオ通話

パソコンやスマートフォンのマイク、スピーカー、カメラを利用して音声通話やビデオ通話ができるビジネスチャットもあります。

そのほかにできること

資料や画像データなどのファイル共有やタスク管理の機能を搭載したビジネスチャットもあります。

2 Web会議

Web会議とは、情報通信システムを活用して行われる会議のことです。Web会議を利用することで、複数の拠点からコミュニケーションが可能となり、テレワーク中など離れた場所にいる相手とも社内外の「報告・連絡・相談」や「打ち合わせ」ができるようになります。Web会議はパソコンからだけでなく、スマートフォンやタブレットなどのモバイル端末からも利用できます。

会議

Web会議ではスムーズな会議が可能です。「画面共有機能」を使えば、配布のための資料やプロジェクターなどを準備することなくプレゼンをお互いに確認できます。会議の録画機能を搭載したものもあり、会議に出席できなかった人へも、あとからかんたんに情報の共有ができます。これらを遠隔で操作できるうえ、初期費用や導入の手間がかからないのが特長です。

打ち合わせ・商談

Web会議では、資料や商品などを見せながら取引先や顧客とコミュニケーションを取ることも可能です。

Webセミナー（ウェビナー）

Web会議は、Webセミナー（ウェビナー）にも使えます。会場に来てもらう必要がないので、企業と顧客の両方が利用しやすく、会場のレンタル料などもかかりません。

そのほかにできること

資料や動画、アプリケーションの共有機能に加え、ホワイトボードを使った描画機能、チャット機能、投票・アンケート集計といった機能を活用することが可能です。

メモ テレビ会議との違い

従来、このような用途では「テレビ会議」と呼ばれるシステムがよく利用されました。テレビ会議システムは、大人数でもクリアな動画や音声で利用できるというメリットがある反面、専用機器の導入が必要で、コストが高いというデメリットがありました。固定の会議室にとらわれない開催場所や、パソコンとインターネット回線があれば参加できる自由度の高さがWeb会議の魅力でもあります。

メモ スマートフォンからも
Web会議ができる

相手の顔を見ながら会話ができるWeb会議はさまざまなツールが提供されていますが、そのほとんどがパソコンのみならず、スマートフォンからも利用できます。スマートフォンにWeb会議のツールをインストールしておけば、外出先などパソコンが使えない環境でも会議に参加できます。

ヒント Web会議システム
選定のポイント

Web会議システムを導入するにあたって、自社でツールを導入する理由を明確にしておきましょう。具体的な選定のポイントは、「Web会議システムの導入目的に合ったもの」「音声や映像の品質」「セキュリティの高さ」「サポート体制」などが挙げられます。

3 ファイルの共有（クラウドストレージ）

メモ 法人向けのビジネス版クラウド
ストレージサービス

以前は個人向けのサービスが中心でしたが、最近では企業アカウントで使用することを目的としたビジネス版クラウドストレージも台頭してきています。ビジネス版は、セキュリティ面や履歴管理、バックアップ頻度の多さなどビジネスに特化した手厚いサービスが受けられます。主なビジネス版クラウドストレージサービスとして、Google WorkspaceやDropbox Businessがあります。

Google Workspace

Dropbox Business

メモ 共有できるファイルの
サイズ

クラウドストレージに保存できるファイルの容量は、サービスごとに異なります。Dropboxは2GB、マイクロソフトが提供するOneDriveは5GB、Googleドライブは15GBまでそれぞれ無料で利用することができます。なお、OneDriveについては、Microsoft 365 Personalのユーザーであれば1TBまで利用することができます。また、多くのサービスは追加料金を支払うと容量を増やすことができます。

インターネット上にファイルを保存・共有できるように設計されたサービスのことを「クラウドストレージ」といいます。オンラインストレージ、オンラインファイルサーバーなどと呼ばれることもあります。テレワークを実施するにあたり、導入を検討したいツールの1つです。

ファイルの共有

仕事で使う文書やデータ、写真などのファイルをクラウドストレージ上に保存することで、それらを従業員や取引先と共有できます。共有したファイルはそれぞれのユーザーが、あらゆるデバイスからアクセスできるので、効率的に作業を進めることが可能です。

容量に余裕がある

容量が大きなファイルをメールに添付して送ると、相手が受信できなかったり、相手の環境によってはメールボックスの容量をオーバーしたりするなどのトラブルが発生します。しかし、クラウドストレージにファイルをアップロードすれば、すぐに相手とデータを共有できます。クラウドストレージは容量に余裕があり、データ保存の期限などもありません。

データのバックアップができる

多くのクラウドストレージは、ファイルを自動でバックアップする機能を備えています。仕事で使用しているパソコンが故障すると、パソコン内のファイルがまとめて喪失する恐れがあります。このような場合でも、重要なファイルを保存したフォルダをクラウドストレージ上に自動バックアップする設定にしておけば、別のパソコンからファイルを取り出すことが可能です。

4 書類の作成・共同編集

本来、Wordで作成したファイルは、1台のパソコンに保存されています。そのため、そのパソコンがなければ編集はできません。しかし、文書をクラウドストレージで共有すると、ブラウザで動作するOfficeアプリを活用して、ファイルを編集できるようになります。クラウド上のファイルを複数人で共有して、共同作業を行うことも可能です。

文書を共有・閲覧できる

クラウド上に保存しているファイルを共有するときは、クラウドのファイルにアクセスするためのURLをメールなどに記載して相手に送信します。メールを受信した相手は、離れた場所にいても同じファイルを閲覧できるようになります。

文書を共同編集できる

担当が分かれている文書などは、ファイルにアクセスするためのURLを各担当者と共有しておくことで、それぞれのタイミングで同時に編集できます。

会社 移動中 自宅

表計算やパワーポイント資料も作成できる

Wordだけでなく、Excelの表計算やPowerPointのプレゼン資料などのファイルを作成することもできます。

「.docx」などにエクスポートできる

クラウド上に保存しているファイルを「.docx」形式のようなWord文書データとして出力することも可能です。自分のパソコン内にファイルを保存しておきたいときに便利です。

 メモ 共有方法に気を付ける

クラウドを利用したファイルの共有は便利ですが、操作を誤ると大切な情報が外部に流出してしまう危険性もあります。「関係者とだけ共有する」「SNSなどに共有リンクを書き込まない」「特定のユーザーとだけ共有する設定にする」など、事前にルールを決めて、設定をよく確認したうえで利用しましょう。

 メモ スマートフォンで
共同編集するには

クラウド上で共有したファイルは、タブレットやスマートフォンのアプリから共同で編集することもできます。アプリのインストールはAppStoreやGoogle Playストアから行うことができます。

5 リモートデスクトップ

メモ スマートフォン、タブレット からも利用できる

端末を問わず、スマートフォンやタブレットからでもアプリの利用でリモートデスクトップを使うことができます。環境さえ整えば、離れた場所にあるパソコンの遠隔操作ができるようになります。スマートフォンやタブレットから社内のパソコンのデータを開き、編集することも可能です。

キーワード VDI （仮想デスクトップ）

VDIは「Virtual Desktop Infrastructure」の略です。仮想化専用のソフトウェアをインストールし、その上に仮想デスクトップ環境を実行します。これによって1人1台の仮想マシンが割り当てられることになり、ユーザーは1台の端末を占有しているのと同じ感覚で使用できます。リモートデスクトップと比べると、こちらのほうが自由度は高めです。

メモ 情報漏洩の危険性

リモートデスクトップには外部からの不正アクセスの危険性が潜んでいます。そのため、職場でパソコンを操作するときと同じく、セキュリティ対策は万全である必要があります。パスワードの管理を徹底する、会社のパソコンを使用する際は事前に使用許可を得るなど、厳重な管理体制を構築しておくことも大切です。

「リモートデスクトップ」とは、パソコンどうしをインターネット経由で接続することで、自宅にあるパソコンから職場のパソコン内のアプリやファイルを利用できるようにする機能のことです。リモートデスクトップでは、1台のサーバーに複数のユーザーが接続できます。従業員が同じデスクトップ環境を使用しつつ、離れた場所からパソコンの遠隔操作ができるため、テレワーク下において業務の効率化や経費削減ができることが大きな特長です。

また、リモートデスクトップはリモートアクセスを行うツールの1つでもあります。よく混同されがちなのがVDI（仮想デスクトップ）です。いずれもリモート環境を整えるために活用されるものですが、基本的な構築が異なります。そのため、導入の際にはどちらの方式が適しているか判断する必要があります。

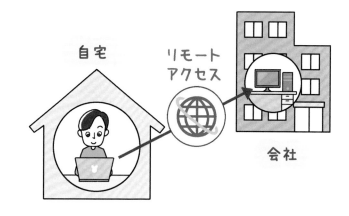

自宅　リモートアクセス　会社

自宅パソコンのスペックを問わずに作業ができる

リモートデスクトップを設定することで、自宅や手元にあるパソコンのスペック（CPUの処理能力・OSのバージョン）が低くても、遠隔操作するパソコンの性能が高ければ、ある程度はスムーズに業務ができます。

場所を問わず、働き方の選択肢が広がる

リモートデスクトップの利用によって業務が効率化され、働き方の改善にもつながります。インターネットに接続できる、あらゆる場所から仕事ができるようになるので、子育てや病気などの事情がある人でも働き方の選択肢を広げることができます。

経費を削減できる

社内専用のアプリを運用している場合、リモートで社外から利用できるので、わざわざ社外用アプリを導入する必要がなくなります。また、社内のパソコンを自宅から操作できるので、出社の必要性も低くなり、通勤費などの経費も削減できます。

6 スケジュール管理

スケジュール管理ツールを導入すると、日々のスケジュールを効率よく管理できます。Excelや手帳アプリなどでは手間がかかったり、見落としがちだったりするタスク整理がかんたんになります。また、部署やプロジェクトのチームごとに予定を共有したり、管理したりするときにとても便利です。

スケジュール管理を効率化できる

個人やグループなどのスケジュールを登録したり、カレンダーやタイムテーブルで予定を確認・共有したりできます。煩雑になりがちなスケジュール管理を効率化することが可能です。また、用途に応じて複数のカレンダーを作成することや、社内設備や備品の予約管理、リマインダー通知などを利用することもできます。

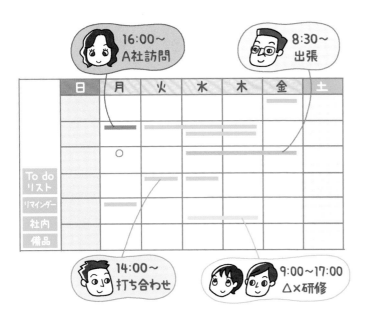

社内外での予定共有がかんたん

社内の業務用カレンダーを作成すれば、複数の社員が予定を登録し、共有することができます。また、スケジュール管理ツールによっては、ゲストを招待できるものもあります。社内はもちろん、社外のパートナー企業や取引先との予定の共有もかんたんです。

タスク登録と管理ができる

予定を達成するために「するべきこと（タスク）」を登録することもできます。ほとんどのスケジュール管理ツールには、タスク管理の機能が搭載されています。優先順位の高いタスクに色を付けたり、緊急性の高いタスクを通知したりする機能もあります。

メモ　多彩なスケジュール管理ツール

スケジュール管理ツールに該当するサービスは多数存在します。スケジュール管理機能に特化したシンプルなものや、情報共有機能に重点を置いたグループウェア型、さらにタスク管理を充実させた多機能なものなど、さまざまです。このように多彩なスケジュール管理ツールを必要に応じて導入することで、業務を効率化できます。

キーワード　グループウェア

グループウェアとは、ネットワークを使用して情報共有やコミュニケーションを行い、業務効率を上げるツールの1つです。スケジュール管理機能をはじめ、メール機能、掲示板機能、ファイル共有・管理機能、ワークフローシステム（電子決済）機能、会議室予約機能などが搭載されています。迅速な情報共有による仕事の効率化やコミュニケーションの活性化が可能で、個人の仕事状況を可視化できる効果もあります。

メモ　あらゆるアクセスが可能

スケジュール管理ツールは、アプリをダウンロードすればスマートフォンから任意のカレンダーにアクセスすることが可能です。また、ブラウザからツールを利用するタイプの場合、1台のパソコンに限らず、あらゆる端末からアクセスすることができます。

ステップアップ　有料のツールを導入する

スケジュール管理ツールは無料で導入できるものが多く、コストや手軽さなどの面でメリットがあります。しかし、有料のツールのような高度なセキュリティ機能はなく、万一の場合の保証やサポートもありません。社内で導入する際は、このような点も含めて検討しましょう。

自宅のパソコンに仕事用の アカウントを追加しよう

覚えておきたいキーワード
- ☑ 自宅用パソコン
- ☑ アカウント
- ☑ ユーザーの追加

テレワークでは、自宅のパソコンを仕事で使用するケースも考えられます。そのようなとき、仕事用のユーザーアカウントを作成し、プライベートと分けておくと、作成したファイルなどが仕事用のユーザーフォルダに保存されます。誤って削除してしまうなどの事故を防ぐことができるのでおすすめです。

1 Microsoftアカウントを追加する

 メモ **Microsoftアカウント の追加**

このページの操作でMicrosoftアカウントを追加するには、あらかじめMicrosoftアカウントを取得している必要があります。また、追加するとき、既存のアカウントだけでなく、新規で登録することも可能です。Microsoftアカウントでサインインすることで、複数のパソコン（職場用パソコン、自宅用パソコンなど）で同期が可能です。

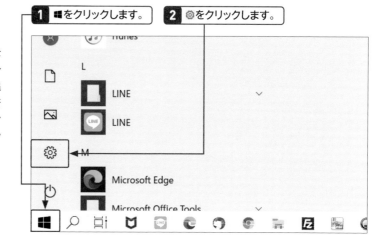

1 ■をクリックします。 **2** ⚙をクリックします。

3 ＜アカウント＞をクリックします。

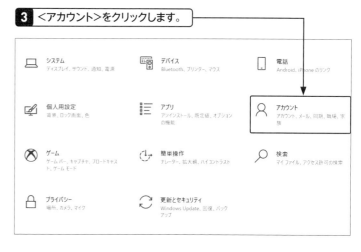

 メモ **標準ユーザーと 管理ユーザー**

ユーザーの設定には、「標準ユーザー」と「管理ユーザー」の2種類があります。アカウントを追加した段階では、デフォルトの設定で「標準ユーザー」として設定されています。標準ユーザーは、基本的な操作はできますが、コンピューターのセキュリティ操作や、アプリなどのインストールにおいて制限が設けられています。一方、管理ユーザーであれば、コンピューターへのアクセス権、アプリのインストールや削除など、パソコン全体に関わる設定を行うことができます。

4 <家族とその他のユーザー>をクリックします。

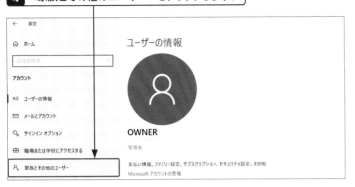

5 <その他のユーザーをこのPCに追加>をクリックします。

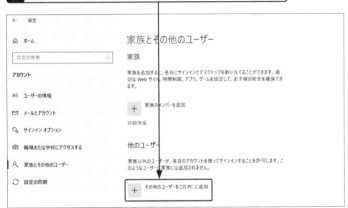

6 追加するMicrosoftアカウントのメールアドレスを入力します。

7 <次へ>をクリックします。

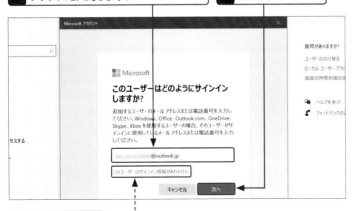

ステップアップ参照 ┄┄┄┄

ステップアップ Microsoftアカウントを持たないユーザーを追加する

Microsoftアカウントを持たないユーザーを追加する場合は、手順**6**の画面で<このユーザーのサインイン情報がありません>をクリックし、手順に沿って操作するとローカルアカウントで追加できます。

1 <このユーザーのサインイン情報がありません>をクリックします。

2 <Microsoftアカウントを持たないユーザーを追加する>をクリックします。

3 「このPCを使うのはだれですか?」「パスワードの安全性を高めてください」「パスワードを忘れた場合」をそれぞれ入力します。

4 <次へ>をクリックすると、ユーザーが追加されます。

メモ 追加したユーザーを削除する

追加したユーザーを削除するときは、手順5の画面で、削除したいユーザーをクリックし、<削除>をクリックします。

1 削除したいユーザーをクリックします。

2 <削除>をクリックします。

メモ アカウントの種類を変更する

追加したユーザーのアカウントの種類を変更するときは、手順5の画面で、変更したいユーザーをクリックし、<アカウントの種類の変更>をクリックします。

1 <標準ユーザー>をクリックします。

2 <管理者>をクリックします。

3 <OK>をクリックするとアカウントの種類を変更できます。

8 「準備が整いました。」画面が表示されるので、<完了>をクリックします。

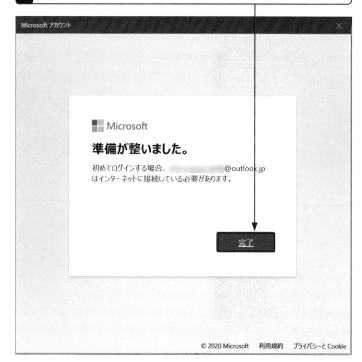

9 手順5の画面に戻ります。Microsoftアカウントが追加されます。

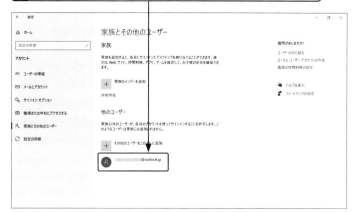

Chapter 02

第2章

Web会議ツール
「Zoom」を使いこなそう

Web会議ツールで できること

覚えておきたいキーワード
- ☑ 遠隔で会議が可能
- ☑ インターネット環境
- ☑ 多様なツール

Web会議ツールは、映像と音声を利用し、遠隔にいる相手とのコミュニケーションを可能にします。さまざまなデバイスからオンライン上にアクセスし、かんたんに利用できることからビジネスシーンで多く活用されています。

1 Web会議ツールとは

メモ Web会議の参加人数

少人数の会議だけでなく、参加人数が多い会議や多拠点での会議などにもWeb会議ツールは対応しています。

いわゆるWeb会議ツールにはさまざまな種類があり、ツールごとに特徴があります。一般的なのは、インターネット経由でアプリをダウンロードして、パソコンや携帯端末にインストールするタイプのWeb会議ツールです。Google Meetのように、インストールが不要なブラウザ型のWeb会議ツールもあります。また、同じWeb会議ツールであっても、無料版と有料版が選べるものもあり、有料版はより機能が充実しています。会議の目的に応じて、適切なツールを選びましょう。

Web会議ツールはパソコンだけでなく、スマートフォンやタブレットからでも利用できる利便性も魅力の1つです。インターネットに接続できる環境であれば、場所や時間を問わずWeb会議を開催したり、参加したりできます。ただし、インターネット環境がWeb会議の質を左右してしまうため、注意が必要です。たとえば、Wi-Fiが不安定な環境でWeb会議を行うと、映像が途切れるなどの支障が発生します。そのような場合は有線LANケーブルを利用するなど、適切な通信環境を整えて、ストレスなくWeb会議ツールを利用できるようにしましょう。

**メモ Web会議と
テレビ会議の違い**

Web会議と混同されやすいものに、テレビ会議があります。Web会議はパソコンやタブレット、スマートフォンなどの端末とインターネット環境があれば、どこでも行うことができます。一方、テレビ会議は会議室そのものに専用端末を設置して、2つ以上の会議室をつないで会議を行うため、遠隔地との大規模な会議を行う際に適しています。

2 代表的なWeb会議ツール

Zoom Cloud Meetings

Zoom Cloud Meetings（ズームクラウドミーティングス）とは、Zoomビデオコミュニケーションズが提供するWeb会議ツールです。クリアな音声と高画質な映像で、いつでも、どこからでも、あらゆるデバイスでかんたんにWeb会議を行えます。画面共有機能や投票機能、同時通訳機能、クラウド録画機能などのコラボレーション機能を搭載しており、生産性を最大限に引き上げます。無料版でもこれらの機能を利用できますが、会議の参加人数は最大100人までです。1対1の会議時間は無制限ですが、3人以上の参加者がいる会議の場合は、40分の時間制限があります。なお、有料版にアップグレードすると時間無制限で会議を行うことができます。ほかの無料のWeb会議ツールは、有料版と同じ仕様ではないことが多い中で、有料版と同じ機能を利用できたり、iOSとAndroidでも画面共有機能を利用できたりする唯一のサービスです。

Microsoft Teams

Microsoft Teams（マイクロソフトチームズ）とは、Microsoftが提供するWeb会議ツールです。チャットやWeb会議、ファイルの共有などの「チーム」の作業を効率化する機能があります。共有のワークスペースにファイルなどをまとめることもできるので、共同での作業を制限されずに行えたり、メンバーとチャットしたりすることも可能です。また、Word、Excel、PowerPoint、SharePointなど組み込みのMicrosoft 365アプリでファイルの共同作業ができるという特徴があります。

Google Meet

Google Meet（グーグルミート）とは、Googleが提供するWeb会議ツールです。Google Workspaceに内包される機能で、会議を設定してURLを参加メンバーと共有するだけでWeb会議を行えます。参加メンバーはアカウントやプラグインを使用する必要がなく、誰でも会議に参加できます。高速でシンプルなUIに特徴があり、複数人が参加するビデオ通話もかんたんに行うことができます。

Whereby

Whereby（ウェアバイ）とは、Wherebyが提供するWeb会議ツールです。シンプルな操作性と必要最低限の機能により、手軽に快適なWeb会議を行えます。ホストがアカウント登録を行えば、ゲストはURLをクリックするだけで会議に参加できます。また、アプリやソフトのインストールも必要がないため、初心者でも利用しやすいツールです。

 メモ Web会議の通信量

各Web会議ツールの音質や解像度によって、通信量には違いがあります。モバイル回線などの従量課金の環境で長時間のビデオ会議を行うと、すぐに通信データ量の上限に達して通信速度が制限されてしまうため、音声のみでの参加にするなどの工夫が必要です。

メモ Web会議でコスト削減

Web会議を利用することで、映像を介してペーパーレスな会議が可能です。非対面で遠隔地とやり取りをする場合だけでなく、対面の会議であっても、この機能を利用し、資料を印刷することなく会議を行うことができます。

Zoomの特徴と画面について

Zoomは、パソコンやスマートフォンで利用できるビジネス向けのビデオ会議ツールです。ビジネス用途に最適化されたZoomの機能や操作など、多くのビデオ会議ツールとの違いについて押さえておきましょう。

第2章 Web会議ツール「Zoom」を使いこなそう

1 Zoomの特徴

🔍 キーワード 帯域

帯域とは、「ある時間内にどれだけデータを送れるか」の指標です。通信は、帯域幅が広ければ広いほど高速です。

Zoomとは、ビジネスシーンにおいて広く活用されているビデオ会議ツールの1つです。Zoomの最大の特徴は、さまざまなOSでビデオ会議が可能であることです。具体的には「Windows」「macOS」「Android」「iOS」で利用できます。また、パソコンやスマートフォンはもちろん、タブレットでも利用できます。

さらに、Zoomはほかのビデオ会議ツールと比較すると、使用するネットワーク帯域が広いという特徴があります。これは安定した通信を可能にし、タイムラグや映像の乱れなどを起きにくくすることにつながります。加えて、Zoomで使用できるデバイスのほとんどに、カメラやマイク、スピーカーが内蔵されています。音質や画質にこだわらなければ、Zoomのためにわざわざ専用機器を用意する必要もありません。

なお、Zoomには無料版と有料版があります。企業で利用する場合は、3人以上のビデオ会議に利用制限がない有料版がおすすめです。有料版には、「プロ」「ビジネス」「エンタープライズ」の3種類があります。

無料版の機能	有料版限定の機能
・100人まで参加可能 ・1対1のビデオ会議時間が無制限 ・3人以上のビデオ会議時間が40分 ・ミーティング数無制限 ・オンラインサポート ・グループコラボレーション機能 ・セキュリティ	無料版の機能に加えて、 ・ユーザー管理 ・管理者機能コントロール ・スケジュールの管理 ・レポーティング ・電話サポート ・クラウド保存無制限 ・ビデオ会議の時間制限なし

有料プラン	月額料金	同時接続人数	時間制限
プロ （小規模チーム）	￥1,600/ ホスト	最大100名	無制限
ビジネス （中小企業）	￥2,000/ ホスト	最大300名	無制限
エンタープライズ （大企業）	要問い合わせ	最大1,000名	無制限

2 Zoomの主な機能

ブレイクアウトルーム

参加者が多いビデオ会議中、参加者を数人のグループに分けることができます。ビデオ会議の開催者が参加者のグループ分けを指定する方法や、ランダムシステムでグループを作成する方法があります。ビデオ会議の開催者は、各グループのルームに自由に出入りすることができます。さらに、グループワークの時間を指定し、参加者の画面にカウントダウンタイマーを表示させるなどのオプション機能も充実しています。

画面の共有

ビデオ会議中、自分がデバイスで表示しているWebページやPowerPointのスライドなどを相手にも見せることができ、プレゼンテーションをオンラインで行うことも可能です。LINE通話などのプライベート向け通話アプリでは搭載されていない機能です。なお、異なる端末どうしでも画面を共有できます。

レコーディング

多くの会議ツールでは、会議中に録音や録画をしようとすると、別途キャプチャツールを使う必要があります。Zoomではビデオ会議中に「レコーディング」をクリックまたはタップするだけで、録音や録画が開始されます。

 メモ Zoomの構成

ビデオ会議の開催者は主導する立場として「ホスト」と呼ばれます。ビデオ会議中は誰でも自由に発言できますが、画面の録画など、ホストのみに権限がある操作もあります。

 メモ ビデオ会議中に役立つ機能

Zoomでは、ホワイトボード画面を共有して自由に書き込みをしたり、拍手や賛成、挙手のアイコンでかんたんに意思表示したりすることもできます。

3 Zoomを利用できる環境

Zoomには、Webブラウザ版、デスクトップ版、アプリ版（iPhone・Androidスマートフォン・iPad）の3種類があります。本書では、デスクトップ版を中心に機能の利用手順を解説します。なお、Webブラウザ版はデスクトップ版に比べて動作がやや遅く、通知の制限があります。

 メモ デスクトップ版をダウンロードする

「https://zoom.us/jp-jp/meetings.html」にアクセスし、アカウントを作成します。ページ内最下部の「ダウンロード」にある＜ミーティングクライアント＞をクリックし、「ミーティング用Zoomクライアント」の＜ダウンロード＞をクリックすると、ダウンロードが開始されます。

https://zoom.us/jp-jp/meetings.html

4 Zoomの画面構成

 メモ ステータスアイコンを変更する

自分のプロフィールアイコンに表示されているステータスアイコンは変更できます。プロフィールアイコンをクリックし、＜利用可能＞＜退席中＞＜着信拒否＞からクリックして選択します。

メモ ホーム画面

Zoomにサインインすると最初に表示されるのがホーム画面です。主に使用する4つの機能「新規ミーティング」「参加」「スケジュール」「画面の共有」が表示されます。かんたんな操作で、すぐに必要なことを行えるだけでなく、設定などの確認もホーム画面から行えます。

メモ スマートフォン版アプリのホーム画面

スマートフォン版アプリにおいても、ホーム画面の主な機能に、大きな違いはありません。スマートフォン版アプリの場合、スマートフォンの連絡先に接続して、Zoomに登録している相手を照合することもできます。

ホーム画面

ビデオ会議画面

❶新規ミーティング	ビデオ会議を開催します。
❷参加	ミーティングIDとパスコードを入力して、ビデオ会議に参加します。
❸スケジュール	ビデオ会議のスケジュールを入力します。
❹画面の共有	自分の画面を参加者と共有します。
❺予定	予定されているミーティングを確認できます。
❻自分のプロフィールアイコン	ユーザー情報などを表示します。
❼設定	各種設定画面を表示します。
❽ミュート	自分の音声を消音にします。
❾ビデオの停止	自分の映像を非表示にします。
❿セキュリティ	第三者の参加を防ぐなどのセキュリティを設定します。
⓫参加者	参加者の一覧表示や、新たに参加者を招待します。
⓬チャット	テキストメッセージで会話をします。
⓭画面の共有	自分が表示しているWebサイトやファイルを共有します。
⓮レコーディング	ビデオ会議を録音・録画します。
⓯反応	リアクションをアイコンで表示します。
⓰終了	ビデオ会議の終了・退出をします。

Section 08 カメラとマイクの設定を確認しよう

ビデオ会議を行うにあたり、あらかじめやカメラの位置や画角、マイクの音量を確認して、調整する必要があります。なお、ヘッドセットを利用する場合は、パソコンに接続してからテストしましょう。

1 カメラとマイクの設定を確認する

1 ホーム画面（P.34参照）で⚙をクリックします。

ミーティング　連絡先　　　　　　　　Q 検索

⚙

メモ スマートフォンで設定を確認する

スマートフォンのアプリで設定を確認するには、以下のように操作します。

1 <設定>をタップし、

💬　　　🕐　　　👤　　　⚙
ミーティングおよ　ミーティング　連絡先　設定

2 「設定」画面が表示されます。<ビデオ>をクリックすると、カメラの設定が表示されます。

⚙ 設定　　　　　　　　　　　　　　　　　　　　　　　×
　一般
　■ ビデオ　　　　　　　　　　　　　　　　　↻ 90°回転
　🎤 オーディオ
　□ 画面の共有
　□ チャット
　□ 背景とフィルター
　○ レコーディング

2 <ミーティング>をタップします。

ミーティング　　　　　　　　　　　　　>
連絡先　　　　　　　　　　　　　　　　>
チャット　　　　　　　　　　　　　　　>
全般　　　　　　　　　　　　　　　　　>

3 「ミーティング設定」画面が表示されます。

<　　　　　ミーティング設定
オーディオに自動接続　　　　　　オフ * >

自分のマイクを常にミュート
ミーティングへの参加時に自分のマイクが常にミュートされます

自分のビデオを常にオフ

3 <オーディオ>をクリックすると、マイクの設定が表示されます。

⚙ 設定　　　　　　　　　　　　　　　　　　　　　　　　　　　　　　　　　　　×
　一般　　　　　　　スピーカー
　ビデオ　　　　　　　スピーカーのテスト　　スピーカー (Realtek(R) Audio)　　　　　∨
　　　　　　　　　　出力レベル：
　🎤 オーディオ　　　音量：　　　　●━━━━━━━━━━━━━━━━━　🔊
　□ 画面の共有　　　□ 別のオーディオデバイスを使用して、着信音を同時に鳴らします
　□ チャット　　　　マイク
　□ 背景とフィルター　マイクのテスト　　　マイク (Realtek(R) Audio)　　　　　∨
　　　　　　　　　　入力レベル：
　○ レコーディング　音量：　　　　━━━━━━━━━━━━━━━━━●　🔊

ビデオ会議に参加しよう

ビデオ会議に参加するには、メールで送信されるビデオ会議のURLをクリックする方法と、ミーティングIDとパスコードを入力する方法があります。なお、アカウントを作成しなくても、ビデオ会議には参加できます。

1 URLからビデオ会議に参加する

メモ ミーティングIDとパスコード

ミーティングIDとは、9桁、または10桁の番号のことです。9桁の番号は、インスタントミーティング、スケジュール済みミーティング、定期ミーティングに使用されます。10桁の番号は、パーソナルミーティングIDに使用されます。なお、セキュリティを高めるために、ミーティングID以外にパスコードが設定できるようになっています。ただし、共有されたURLにパスコードが埋め込まれていた場合、そのURLを経由して参加するとパスコードの入力が求められません。

1 ビデオ会議の開催者から届いたメールに記載されているURLをクリックし、

件名 **開催中のZoomミーティングに参加してください**
宛先 (自分) ☆

Zoomミーティングに参加する
https://us04web.zoom.us/j/75097428156?pwd=dzk0QklVZ3hXUFVsdVZYaUFrMGREQT09

ミーティングID: 750 9742 8156
パスコード: KPnVk3

メモ参照 ----↓

2 <Zoom Meetingsを開く>をクリックします。

Zoom Meetings を開きますか？

https://us04web.zoom.us がこのアプリケーションを開く許可を求めています。

☐ us04web.zoom.us でのこのタイプのリンクは常に関連付けられたアプリで開く

Zoom Meetings を開く ・ キャンセル

3 <ビデオ付きで参加>をクリックすると、

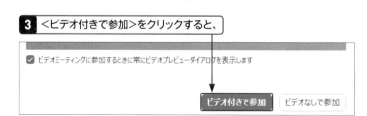

☑ ビデオミーティングに参加するときに常にビデオプレビューダイアログを表示します

ビデオ付きで参加 ・ ビデオなしで参加

4 待機画面が表示されます。

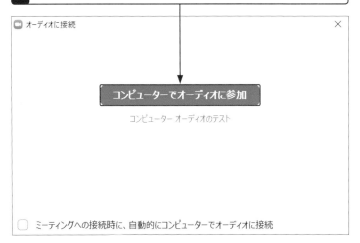

ミーティングのホストは間もなくミーティングへの参加を許可します。もうしばらくお待ちください。

miyuki tanakaのZoomミーティング
2020/11/10

コンピューター オーディオをテスト

5 参加が許可されたら、<コンピューターでオーディオに参加>をクリックします。

オーディオに接続　　　　　　　　　　　　　　　　　　　　×

コンピューターでオーディオに参加

コンピューター オーディオのテスト

☐ ミーティングへの接続時に、自動的にコンピューターでオーディオに接続

6 ビデオ会議画面が表示されます。

 メモ　スマートフォンからビデオ会議に参加する

スマートフォンからビデオ会議に参加するには、以下のように操作します。

1 開催者からのメールに記載されているURLをタップします。

Zoomミーティングに参加する
https://us04web.zoom.us/j/72195926744?
pwd=RDJyYVE3ZFNDdVlnOWkvd0hEOEZMQT09

ミーティングID: 721 9592 6744
パスコード: w5km59

2 <ビデオ付きで参加>をタップします。

常にビデオプレビューを表示　　　　⬤

ビデオ付きで参加

ビデオなしで参加

3 参加が許可されたら、待機画面からビデオ会議画面に切り替わります。

✔ Zoom　　　　　　　　　　退出

ミーティングのホストは間もなくミーティングへの参加を許可します、もうしばらくお待ちください

akiko kondoのZoomミーティング

 メモ　そのほかの参加方法

ホーム画面で<参加>をクリックし、P.36手順**1**に表示されている「ミーティングID」と「パスコード」を入力することでも、ビデオ会議に参加することができます。

Section 10 ビデオ会議の設定を変更しよう

ビデオ会議を行うにあたり、離席中にカメラをオフにしたり、自室などのプライバシー情報を守るためにバーチャル背景を利用したりできます。また、画面の表示形式を用途別に使い分けると便利です。

1 カメラをオン／オフにする

メモ マイクをオン／オフにする

手順**1**の画面で、＜ミュート＞をクリックすると、マイクがオフになります。代わりに表示された＜ミュート解除＞をクリックすると、マイクがオンになります。

メモ スマートフォンでカメラやマイクをオン／オフにする

スマートフォンのカメラやマイクのオン／オフを切り替えるには、以下のように操作します。

1 ビデオ会議画面をタップし、＜ビデオの停止＞をタップするとカメラがオフに、＜ミュート＞をタップするとマイクがオフになります。

2 ＜ビデオの開始＞をタップするとカメラがオンに、＜ミュート解除＞をタップするとマイクがオンになります。

1 画面下にマウスポインターを合わせ、＜ビデオの停止＞をクリックすると、

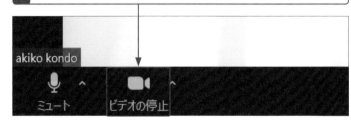

2 カメラがオフになり、画面にはアイコンもしくは名前が表示されます。

3 カメラをオンにする場合は、画面下にマウスポインターを合わせ、＜ビデオの開始＞をクリックします。

2 バーチャル背景を設定する

1 P.35を参考に「設定」画面を表示し、＜背景とフィルター＞をクリックします。

2 設定するバーチャル背景をクリックして選択し、

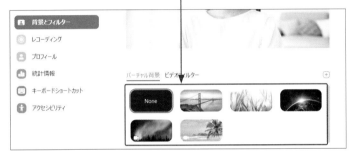

3 ＜ダウンロード＞をクリックします。

4 ビデオ会議画面に戻ると、バーチャル背景が設定されています。

メモ 背景が反転しないようにする

デフォルトの設定では、背景は反転して表示されます。手順**2**の画面で下のほうにある＜マイビデオをミラーリング＞をクリックしてチェックを外すと、背景が反転せずに表示されます。

＜マイビデオをミラーリング＞をクリックして、チェックを外します。

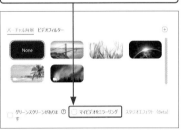

メモ 「グリーンスクリーン」と「スタジオエフェクト」

手順**2**の画面で＜グリーンスクリーンがあります＞をクリックして、チェックを付けると、グリーンスクリーンを使用できます。グリーンスクリーンの使用によって、バーチャル背景の品質を向上させることができます。また、＜スタジオエフェクト（Beta）＞をクリックすると、眉毛やリップカラーなどのエフェクトが表示され、クリックして選択することが可能です。なお、初回使用時には、ビデオスタジオエフェクトパッケージのダウンロードが必要です。

3 ギャラリービューに切り替える

 メモ ビューの切り替えは自由に変更できる

ビューの切り替えは、参加者側から操作して、自由に変更することができます。

 メモ スマートフォンでビューを切り替える

スマートフォンでビューを切り替えるには、以下のように操作します。

1 ビデオ会議画面を左方向にスライドすると、

2 ギャラリービューに切り替わります。

3 手順**1**の画面で右方向にスライドすると、「安全運転モード」に切り替わります。

1 画面右上の<表示>をクリックし、

2 <ギャラリービュー>をクリックすると、

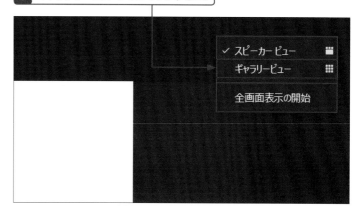

3 ギャラリビューで表示されます。

4 スピーカービューに切り替える

1 画面右上の＜表示＞をクリックし、

2 ＜スピーカービュー＞をクリックすると、

スピーカー ビュー	
✓ ギャラリービュー	
全画面表示の開始	

3 スピーカービューで表示されます。

📝 **メモ** ギャラリービューと
スピーカービューの違い

ギャラリービューでは、参加者の画面がすべ
て同じ大きさで表示されます。一方で、スピー
カービューでは、ホストの画面が大きく、それ
以外の参加者画面が小さく表示されます。
画面表示方法は参加者側で変更できます。
なお、デフォルトではスピーカービューで表示
されます。

📝 **メモ** スポットライトビデオ

スピーカービューには、参加者が3人以上
の場合に特定の参加者を目立たせる「スポッ
トライト」機能があります。スポットライトを当
てる参加者の画面を右クリックし、＜スポット
ライトビデオ＞をクリックします。なお、スポッ
トライトビデオは開催者のみ利用できる機能
です。

ビデオ会議で会話しよう

ビデオ会議中、手を挙げるアクションや拍手、賛成などの反応（リアクション）を示すことができます。参加者が多いビデオ会議では、質問時のリアクションや意思確認として活用できます。なお、手を挙げるアクションは参加者のみ利用できます。

1 手を挙げる

 メモ スマートフォンで手を挙げる

スマートフォンで手を挙げるには、以下のように操作します。

1 ビデオ会議画面をタップし、<詳細>をタップします。

2 <手を挙げる>をタップします。

3 アイコンが表示されます。

※P.43右上に続く

1 画面下にマウスポインターを合わせ、<参加者>をクリックし、

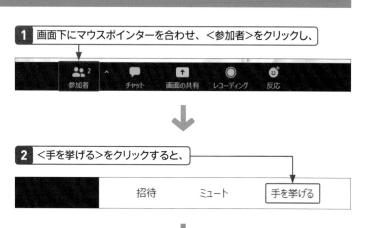

2 <手を挙げる>をクリックすると、

3 参加者名の右にアイコンが表示されます。

4 相手側のビデオ会議画面に「○○（ここではmiyuki tanaka）が手を挙げました」が表示されます。

5 <手を降ろす>をクリックする、もしくは開催者がアイコンをクリックすると、アイコンが非表示になります。

4 手順**2**の画面で<手を降ろす>をタップすると、アイコンが非表示になります。

2 反応を送る

1 画面下にマウスポインターを合わせ、<反応>をクリックし、

2 アイコンをクリックすると、

3 クリックしたアイコンが自分の画面に10秒ほど表示されます。

4 相手側のビデオ会議画面にも同じアイコンが表示されます。

メモ スマートフォンで反応を送る

スマートフォンで反応を送るには、以下のように操作します。

1 P.42メモの操作で、手順**2**の画面でアイコンをタップします。

2 アイコンが表示されます。

ビデオ会議で画面を共有しよう

覚えておきたいキーワード
☑ 画面の共有
☑ ホワイトボード
☑ 共同作業

ビデオ会議中、自分が閲覧しているWebページやプレゼンテーション画面を共有したり、文字や記号などを自由に書き込むことができるホワイトボード画面を共有したりできます。これらの機能を活用することで、ビデオ会議をより円滑に進行させることが可能です。

第2章 Web会議ツール「Zoom」を使いこなそう

1 作業中の画面を共有する

メモ 共有画面を全画面表示する

P.35を参考に「設定」画面を表示し、＜画面の共有＞をクリックします。「画面を共有している場合のウィンドウサイズ：」の＜全画面モード＞をクリックし、チェックを付けます。

1 ＜画面の共有＞をクリックします。

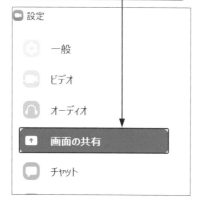

2 ＜全画面モード＞をクリックし、チェックを付けます。

1 画面下にマウスポインターを合わせ、＜画面の共有＞をクリックします。

2 パソコン上で開いているウィンドウや、起動しているアプリケーションの選択画面が表示されます。

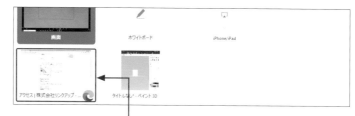

3 共有したい画面をクリックして選択し、

4 ＜共有＞をクリックします。

5 画面の共有を終了する場合は、<共有の停止>をクリックします。

アクセス

2 ホワイトボード画面を共有する

1 画面下にマウスポインターを合わせ、<画面の共有>をクリックします。

2 <ホワイトボード>をクリックします。

3 <共有>をクリックします。

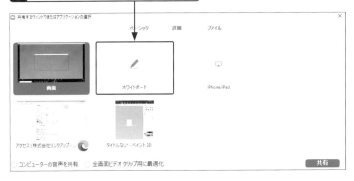

メモ 参加者が画面共有できないようにする

ビデオ会議画面下の「画面の共有」の右にある▲→<高度な共有オプション…>の順にクリックします。<同時に1名の参加者が共有可能>→<ホストのみ>の順にクリックし、チェックを付けます。

1 ▲をクリックします。

2 <高度な共有オプション…>をクリックします。

✓ 同時に1名の参加者が共有可能
複数の参加者が同時に共有可能

高度な共有オプション…

3 <同時に1名の参加者が共有可能>をクリックし、チェックを付けたら、

4 <ホストのみ>をクリックし、チェックを付けます。

Section

13 ビデオ会議に参加者を 招待しよう

覚えておきたいキーワード
- ☑ 新規ミーティング
- ☑ 招待
- ☑ URL

自分が開催者となってビデオ会議を始めるには、参加者を招待する必要があります。さまざまな招待方法がありますが、ここでは自分が開催するビデオ会議のURLをメールで送信する方法について解説します。

1 ビデオ会議に招待する

メモ スマートフォンからビデオ会議に招待する

スマートフォンからビデオ会議に招待するには、以下のように操作します。

1 ホーム画面で＜新規ミーティング＞をタップします。

2 ＜ミーティングの開始＞をタップします。

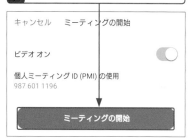

3 ＜参加者＞をタップします。

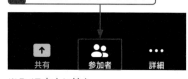

※P.47右上に続く

1 ホーム画面で＜新規ミーティング＞をクリックします。

2 ＜コンピューターでオーディオに参加＞をクリックします。

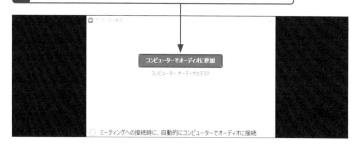

3 ＜参加者＞をクリックします。

第2章 Web会議ツール「Zoom」を使いこなそう

4 ＜招待＞をクリックします。

5 ＜メール＞をクリックします。

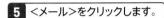
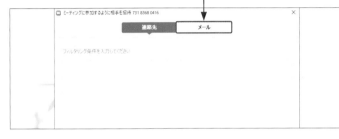

6 URLを送信するメールサービスをクリックして選択します。

7 URLなどが記載されたメールが自動で作成されます。招待する相手の
メールアドレスや本文を入力します。

8 ＜送信＞をクリックすると、招待のメールが送信されます。

4 ＜招待＞をタップし、URLを送信
するサービスをタップして、画面
の指示に従い操作します。

招待

　＋メッセージ

M　Gmail

　ドコモメール

　Zoom 連絡先の招待

　招待リンクをコピー

 メモ　そのほかの招待方法

手順**5**の画面で＜招待リンクをコピー＞をク
リックし、コピーしたURLをチャットなどで相
手に送って招待することもできます。また、
手順**7**の画面に表示された「ミーティング
ID」と「パスコード」を伝える方法もあります。

Section 14 参加者のマイクやカメラを管理しよう

ビデオ会議中、開催者は参加者のマイクやカメラをオフにすることができます。セミナーなどで発言する人を限定したい場合や、離席している参加者がいる場合に活用しましょう。

1 参加者のマイクをオフにする

 メモ スマートフォンから参加者のマイクをオフにする

スマートフォンから参加者のマイクをオフにするには、以下のように操作します。

1 ビデオ会議画面をタップし、<参加者>をタップします。

2 <すべてミュート>をタップします。

3 <すべてミュート>をタップします。

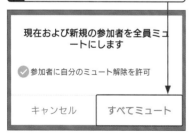

1 画面下にマウスポインターを合わせ、<参加者>をクリックし、

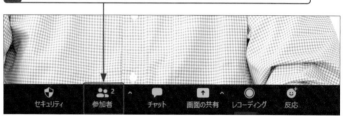

2 <すべてミュート>をクリックしたら、

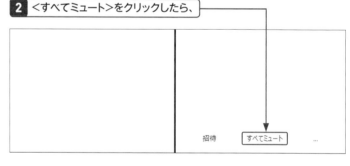

3 <はい>をクリックします。

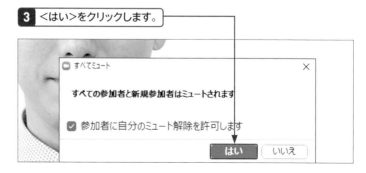

2 参加者のカメラをオフにする

1 参加者の画面を右クリックし、

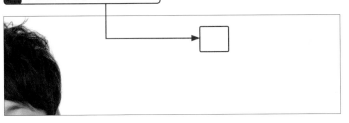

2 ＜ビデオの停止＞をクリックします。

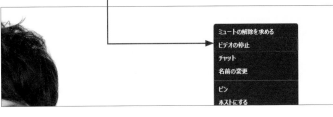

3 参加者のカメラがオフになり、画面にはアイコンもしくは名前が表示されます。

akihiko sato

4 参加者のカメラをオンにするには、手順**2**の画面で、＜ビデオの開始を依頼＞をクリックします。

iko sato

メモ スマートフォンから参加者のカメラをオフにする

スマートフォンから参加者のカメラをオフにするには、以下のように操作します。

1 P.48のメモで、手順**2**の画面でカメラをオフにする参加者をタップします。

AS akihiko sato

2 ＜ビデオの停止＞をタップします。

akihiko sato

ミュートの解除を求める

チャット

ビデオをスポットライト

ホストにする

ビデオの停止

Section 15 参加者の画面をリモートコントロールしよう

覚えておきたいキーワード
☑ リモートコントロール
☑ セキュリティ
☑ 画面の共有

ビデオ会議中、画面共有機能を利用している際には、相手の画面をリモートコントロールすることができます。実際の操作手順の説明などに利用すると、効果的です。なお、この機能はスマートフォンでは利用できません。

1 参加者の画面をリモートコントロールする

メモ リモートコントロールのリクエストをする

共有画面を表示している相手に対して、リモートコントロールのリクエストが可能です。共有画面で<オプションを表示>→<リモート制御のリクエスト>の順にクリックすると、相手にリモートコントロールを承認するかどうかのウィンドウが表示されます。相手に承認されると、手順**5**の画面が表示されます。

1 <オプションを表示>をクリックします。

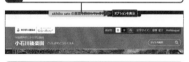

2 <リモート制御のリクエスト>をクリックします。

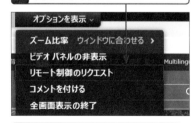

3 <リクエスト>をクリックします。

1 画面下にマウスポインターを合わせ、<セキュリティ>をクリックし、

2 <画面の共有>をクリックすると、参加者が画面を共有できます。

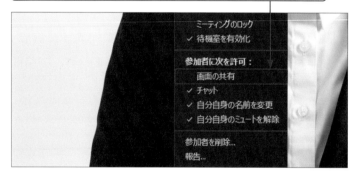

3 参加者は画面を共有したら、画面上にマウスポインターを合わせ、<リモート制御>をクリックします。

※ P.51 右上に続く

4 リモートコントロールしてもらうユーザーの名前をクリックすると、

5 リモートコントロールする側のユーザーの画面に「画面をコントロールできます」と表示され、参加者の画面をリモートコントロールできます。

6 リモートコントロールを終了する場合は、<オプションを表示>をクリックし、

7 <参加者の共有を停止>をクリックします。

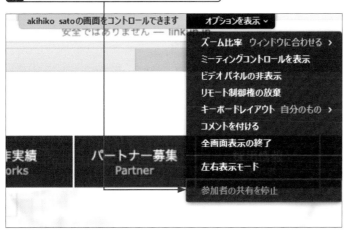

4 相手側の画面に、承認するかどうかのウインドウが表示されます。

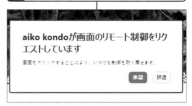

5 相手に承認されると、リモートコントロールができるようになります。

 メモ リモートコントロール画面に注釈を付ける

手順**7**の画面で<コメントを付ける>をクリックすると、リモートコントロールしながら、画面に注釈を付けることができます。注釈についてはSec.16を参照してください。

1 手順**7**の画面で、<コメントを付ける>をクリックします。

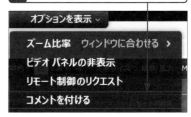

2 注釈ツールが表示されます。

3 任意のツール(ここでは<絵を描く>)をクリックします。

4 注釈を付けることができます。

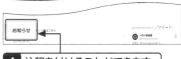

Section 16 共有画面に注釈を 付けよう

覚えておきたいキーワード
☑ ツールバー
☑ 注釈
☑ 画面の共有

ビデオ会議中、画面共有機能を利用している際には、描画やテキストで自由に注釈を付けることができます。ビデオ会議中に、地図や図面、グラフなどを共有しているときに活用すると便利です。

第2章 Web会議ツール「Zoom」を使いこなそう

1 ツールバーから注釈を付ける

メモ 参加者が注釈を付けられないようにする

参加者が注釈を付けられないようにするには、手順**4**の画面で＜詳細＞→＜参加者の注釈を無効にする＞の順にクリックします。

1 ＜詳細＞をクリックします。

2 ＜参加者の注釈を無効にする＞をクリックします。

1 画面下にマウスポインターを合わせ、＜画面の共有＞をクリックし、

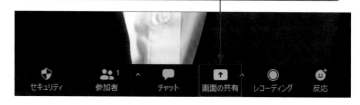

2 共有したい画面をクリックしたら、

3 ＜共有＞をクリックします。

4 画面上にマウスポインターを合わせ、<コメントを付ける>をクリックすると、

セス

5 ツールバーが表示されます。

6 初期状態では「絵を描く」が選択されています。

7 <テキスト>をクリックすると、文字を入力できます。

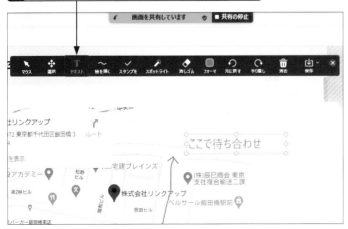

 メモ スマートフォンから共有画面に注釈を付ける

スマートフォンから共有画面に注釈を付けるには、以下のように操作します。

1 共有画面で🖊をタップします。

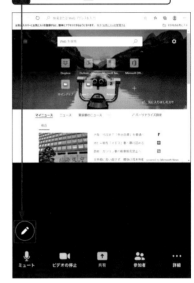

2 <ペン>をタップします。

3 <蛍光ペン>をタップします。

4 共有された画面に注釈を付けることができます。

共有画面に参加者が被らないようにしよう

覚えておきたいキーワード
- ☑ 画面のバランス
- ☑ 左右表示
- ☑ 画面の共有設定

ビデオ会議中、共有画面の表示を左右表示モードに切り替えることができます。これにより、参加者は共有画面の横にスピーカービュー／ギャラリービューを並べて表示するなどのカスタマイズが可能です。

1 左右表示モードに切り替える

メモ ズーム比率を調整する

自分以外の参加者の共有画面が小さい、もしくは大きいため見づらい場合には、ズーム比率を調整できます。＜オプションを表示＞→＜ズーム比率＞の順にクリックし、比率をクリックして調整します。

1 ＜オプションを表示＞をクリックします。

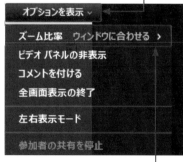

2 ＜ズーム比率＞をクリックします。

3 任意の比率をクリックして、選択します。

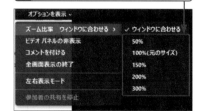

1 共有画面で＜オプションを表示＞をクリックし、

2 ＜左右表示モード＞をクリックします。

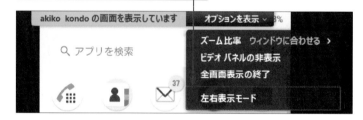

3 セパレーターを左右に動かすと、左右の画面の表示サイズ（画面のバランス）を調整できます。

4 画面右上の<表示>をクリックすると、スピーカービューやギャラリービューの表示をカスタマイズできます。

オプションを表示 ∨　　　　　　　　　　　　　　　　　　　　　　　Ⅲ 表示

標準　　　　　　　　　　Ⅲ
左右表示：スピーカー　▮▸
✓ 左右表示：ギャラリー　▮▸

全画面表示の終了

5 左右表示モードを終了する場合は、手順**2**の画面で再度、<左右表示モード>をクリックします。

akiko kondo の画面を表示しています　　オプションを表示 ∨

ズーム比率　ウィンドウに合わせる ＞
全画面表示の終了
✓ 左右表示モード

メモ　共有画面をウィンドウに合わせる

使用しているデバイスが異なると解像度が異なり、共有された画面のサイズが合わず、全体を見られないことがあります。<オプションを表示>→<ウィンドウに合わせる>の順にクリックすると（P.54メモの手順**2**参照）、共有画面が自分の画面に合わせて表示されるようになります。

2 あらかじめ左右表示モードを設定する

1 P.35を参考に「設定」画面を表示し、<画面の共有>をクリックし、

⚙ 設定　　　　　　　　　　　　　　　　　　　　　　　　　　　　×

⚙ 一般
▢ ビデオ　　　　　　☐ Windows 起動時に Zoom を起動
◉ オーディオ　　　　☑ 閉じると、ウィンドウが最小化され、タスクバーではなく通知エリアに表示されます
▢ 画面の共有　　　　☐ デュアルモニターの使用
▢ チャット　　　　　☐ ミーティングの開始または参加するときに、自動的に全画面を開始
　　　　　　　　　　☐ ミーティングの開始時に招待リンクを自動的にコピー
　　　　　　　　　　☐ ミーティングコントロールを常に表示 ⓘ

2 <左右表示モード>をクリックして、チェックを付けます。

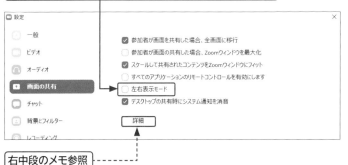

⚙ 設定　　　　　　　　　　　　　　　　　　　　　　　　　　　　×

▢ 一般　　　　　　　☑ 参加者が画面を共有した場合、全画面に移行
▢ ビデオ　　　　　　☐ 参加者が画面を共有した場合、Zoomウィンドウを最大化
◉ オーディオ　　　　☑ スケールして共有されたコンテンツをZoomウィンドウにフィット
▣ 画面の共有　　　　☐ すべてのアプリケーションのリモートコントロールを有効にします
▢ チャット　　　　　☐ 左右表示モード
▢ 背景とフィルター　☑ デスクトップの共有時にシステム通知を消音
▢ レコーディング　　　　　　　詳細

右中段のメモ参照 - - - - - →

メモ　画面の共有を設定する

手順**2**の画面では、画面共有をする際のさまざまな設定をあらかじめ行うことができます。画面を共有するときのウィンドウサイズの設定をはじめ、リモートコントロール機能を有効にしたり、表示モードの変更をしたりできます。また、<詳細>をクリックすると、より細かな設定ができます。

メモ　共有する場合の表示範囲

アプリや画面を共有する場合、パソコン上のどこまでを表示するか設定できます。「アプリケーションを共有」「ミーティングで私の画面を共有する場合」「Zoom Room に対して直接共有する場合」からそれぞれ選択し、設定します。

ビデオ会議を録画しよう

覚えておきたいキーワード
☑ レコーディング
☑ 議事録
☑ 情報の共有

ビデオ会議中、会議の開催者もしくは開催者より権限を与えられた参加者であれば、録画機能を操作できます。議事録として活用したり、参加者以外とも情報を共有したりする手段として活用できます。

第2章 Web会議ツール「Zoom」を使いこなそう

1 ビデオ会議を録画する

メモ　録画したデータに参加者の映像を表示させないようにする

録画したデータに参加者の映像を表示させないようにするには、P.35を参考に「設定」画面を表示し、＜レコーディング＞をクリックします。＜画面共有時のビデオを録画する＞をクリックして、チェックを外します。

1 ＜レコーディング＞をクリックします。

2 ＜画面共有時のビデオを録画する＞をクリックして、チェックを外します。

1 画面下にマウスポインターを合わせ、＜レコーディング＞をクリックします。

2 「レコーディングしています」と表示され、録画が開始されます。■をクリックすると、録画が終了します。

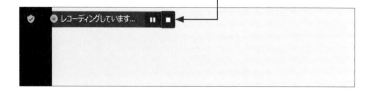

3 ビデオ会議が終了すると、自動で動画ファイルと音声ファイルが保存され、保存先のフォルダーが表示されます。

2 録画の設定を変更する

1 P.35を参考に「設定」画面を表示し、＜レコーディング＞をクリックします。

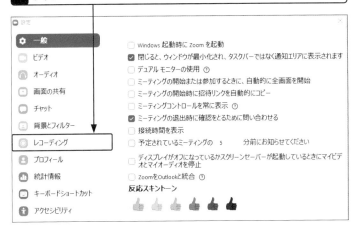

2 録画の設定画面が表示されます。

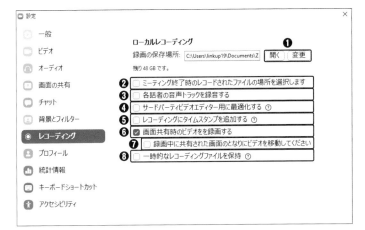

❶	録画ファイルを開いたり、保存場所を変更したりできます。
❷	ミーティング終了時、音声ファイルの保存先を選択できます。
❸	音声トラックを話者ごとに保存できます。
❹	録画ファイルをビデオ編集ソフトに合わせて最適化できます。
❺	録画時の日付と時間を追加することができます。
❻	画面共有時の画面右上に話者が映った状態を録画します。
❼	話者と共有資料が重ならないようにできます。
❽	オリジナルファイルを保存しておくことで、問題発生時のトラブルシューティングを行いやすくします。

メモ 自動録画する

ビデオ会議の開始と同時に、自動的に録画を開始することができます。P.59の「ミーティングをスケジューリング」画面で＜詳細オプション＞をクリックし、＜ミーティングをローカルコンピューターに自動的にレコーディングする＞をクリックして、チェックを付けます。

1 ＜詳細オプション＞をクリックします。

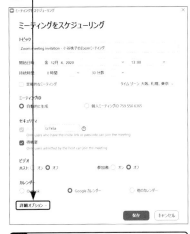

2 ＜ミーティングをローカルコンピューターに自動的にレコーディングする＞をクリックして、チェックを付けます。

3 ＜保存＞をクリックします。

ビデオ会議を
スケジューリングしよう

覚えておきたいキーワード
☑ スケジュール
☑ リマインダー
☑ 開始設定

多くの場合、ビデオ会議はあらかじめ開始日時が決まっています。スケジューリングを行うと、リマインダーとしての機能もあり、便利かつスムーズにビデオ会議を開始することができます。

1 スケジュールを設定する

 メモ スマートフォンからビデオ会議をスケジューリングする

スマートフォンからビデオ会議をスケジューリングするには、以下のように操作します。

1 ホーム画面で<スケジュール>をタップします。

2 「ミーティングのスケジュール」画面が表示されます。

3 P.59を参考に設定を行い、<完了>をタップします。

1 ホーム画面で<スケジュール>をクリックすると、

2 「ミーティングをスケジューリング」画面が表示されます。次ページを参考に設定を行い、<保存>をクリックします。

P.59右上のメモ参照

2 「ミーティングをスケジューリング」画面の構成

ミーティングをスケジューリング

トピック

❶ Zoom meeting invitation - yuina kudoのZoomミーティング

開始日時: ❷ 金 11月 6, 2020 ∨　17:00 ∨

持続時間: ❸ 0 時間 ∨　30 分数 ∨

❹ ☐ 定期的なミーティング　　❺ タイムゾーン: 大阪、札幌、東京 ∨

ミーティングID

❻ ⦿ 自動的に生成　　○ 個人ミーティングID 319 005 7612

セキュリティ

❼ ☑ パスコード CSj0g7 ⑦　　☑ 待機室

ビデオ

❽ ホスト: ○ オン ⦿ オフ　参加者: ○ オン ⦿ オフ

カレンダー

❾ ○ Outlook　　⦿ Google カレンダー　　○ 他のカレンダー

❿ 詳細オプション ∨

保存　キャンセル

❶ トピック	ビデオ会議名を入力します。
❷ 開始日時	ビデオ会議を開始する日時を入力します。
❸ 持続時間	ビデオ会議の予定時間を入力します。
❹ 定期的なミーティング	毎週同時刻に会議を行う場合はチェックを付けます。
❺ タイムゾーン	現地の時間に翻訳されます。
❻ ミーティングID	自動生成されるIDもしくは決められた個人ミーティングIDを常に利用するか選択します。
❼ セキュリティ	参加者にパスコードの入力を求めます。
❽ ビデオ	ビデオ会議開始時のビデオのオン／オフを選択します。
❾ カレンダー	カレンダーに同期します。
❿ 詳細オプション	参加許可などのオプションを設定します（右下のメモ参照）。

メモ　ビデオ会議の予定をあらかじめ参加者に通知する

スケジュールを設定した場合には、参加者に対してあらかじめ招待メールを作成して、送信しておくことができます。P.58手順❷の画面で＜Outlook＞をクリックして選択すると、Outlookが起動し、自動的にURLなどが記載されたメールが作成されるので、そのまま任意の宛先を入力して参加者にメールを送信できます。＜Googleカレンダー＞をクリックして選択すると、ブラウザが起動し、Googleカレンダーに予定が記入されるので、Googleカレンダーから参加者に通知できます（Sec.49 参照）。なお、＜他のカレンダー＞をクリックして選択した場合、日時やミーティングURLといったミーティング情報をコピーし、メールに貼り付けて送信することで、参加者に知らせることが可能です。

メモ　詳細オプション

「ミーティングをスケジューリング」画面の＜詳細オプション＞をクリックすると、より細かな設定をすることができます。「任意の時刻に参加することを参加者に許可します」「エントリー時に参加者をミュート」「ミーティングをローカルコンピューターに自動的にレコーディングする」の項目から、任意のチェックボックスをクリックしてチェックを付け、＜保存＞をクリックします。

ビデオ会議を終了しよう

ビデオ会議が終わったら、退出もしくはビデオ会議全体を終了させる必要があります。ビデオ会議の開催者である場合は、ビデオ会議全体を終了させる権限があります。参加者である場合には、退出のみ可能です。

1 ビデオ会議を終了する

 メモ スマートフォンからビデオ会議を終了する

スマートフォンからビデオ会議を終了するには、以下のように操作します。

1 ビデオ会議画面をタップし、＜終了＞（参加者の場合は＜退出＞）をタップします。

2 ＜全員に対してミーティングを終了＞（参加者の場合は＜ミーティングを退出する＞）をタップします。

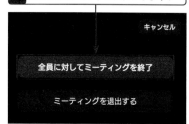

1 画面下にマウスポインターを合わせ、＜終了＞（参加者の場合は＜退出＞）をクリックし、

2 ＜全員に対してミーティングを終了＞（参加者の場合は＜ミーティングを退出＞）をクリックします。

3 映像や音声の接続が切断され、ホーム画面が表示されます。

第3章

ビジネスチャットツール「Microsoft Teams」を使いこなそう

21 ビジネスチャットツールで できること

覚えておきたいキーワード
☑ ビジネスチャットツール
☑ コミュニケーション
☑ 代表的なツール

ビジネスチャットツールを使えばリアルタイムにやり取りすることができるので、業務を進めるうえで円滑なコミュニケーションを図れます。ここでは代表的なツールとあわせて解説します。

1 円滑なコミュニケーションができる

メモ 好きなときに確認できる

チャットの最大の特徴はリアルタイムでやり取りできることですが、メッセージを送信する際、必ずしも相手やほかのメンバーがオンラインである必要はありません。自分のタイミングでメッセージを送信できるほか、相手やほかのメンバーもメッセージを見たタイミングで返事をすればよいので、手軽にコミュニケーションを取ることができます。

テレワークなどで働き方が多様化している現在、業務を効率よく進めていくためには、部署やチーム内でのコミュニケーションが欠かせません。社内でのコミュニケーションを活性化させるために、ビジネスチャットツールの利用が広まっています。

ビジネスチャットは、チャット感覚でメッセージのやり取りができるツールで、テキストだけでなく、ファイルを共有したり、ビデオ会議したりできます。1対1のやり取りだけでなく、複数人とのグループチャットも可能なので、案件やプロジェクトごとにチームを作成してコミュニケーションを取ることができます。メールの場合は宛名や署名を入力する必要があったり、確認して返信するまでに時間が空いてしまったりするなど、少し手間がかかりますが、ビジネスチャットツールを活用すれば、気軽かつリアルタイムに会話することができます。

検索機能を利用すれば、過去にやり取りしたメッセージにすばやくアクセスできます。ツールによっては前後のやり取りまで確認できるので、会話が埋もれてしまう心配もありません。

また、アプリをインストールすれば、スマートフォンからでも利用が可能です。外出中などでパソコンを使えない状態でも、手軽にやり取りすることができて便利です。

ヒント アイコンやスタンプで反応できる

ほかの人が投稿したメッセージに返信する際、チャットでは文章以外の方法も利用できます。アイコンやスタンプを利用して「ありがとうございます」「いいね」などの反応を返すことができます。

第3章 ビジネスチャットツール「Microsoft Teams」を使いこなそう

2 代表的なビジネスチャットツール

ビジネスチャットツールにはさまざまなものがありますが、ここでは代表的なツールとして、クラウド型のサービスを紹介していきます。

Microsoft Teams（マイクロソフトチームズ）

Microsoftが提供している、Microsoft 365の有料プランに含まれているツールです。略して、Teams（チームズ）と呼ばれることも多いようです。最大の特徴は、PowerPointやWord、Excelといったofficeアプリとの連携に優れていることで、ファイルを閲覧できるだけでなく、チーム内のメンバーどうしであれば共同編集することも可能です。チャットやビデオ通話、ファイル共有などの基本機能はもちろん、オンライン会議では最大1,000人までが同時に参加可能なので、大規模なセミナーなどを実施する際に役立ちます。

Slack（スラック）

世界的なシェアを誇る拡張性の高いツールで、日本でも導入する企業が増えています。チャンネルを自由に作成できるので、組織やプロジェクトごとに専用のチャンネルを作成しておけば、管理もしやすくなります。また、GoogleドライブやDropboxなどのファイル共有サービスを始め、2,000種類以上の外部アプリと連携が可能なため、複数のアプリを立ち上げることなくSlack上で操作することができます。

Chatwork（チャットワーク）

日本企業が開発した、国内シェアナンバー1のツールです。IDを知っていれば、社内外問わず誰とでもコミュニケーションを取ることができます。テキストでのやり取りやファイル共有はもちろん、必要な要件をタスクとして登録・管理できるので、重要な仕事やイベントを忘れてしまうリスクを低減できます。

LINE WORKS（ラインワークス）

ビジネス向けのLINEで、個人で利用しているLINEの使い勝手をそのまま利用することができます。LINEと似たインターフェースのため、LINEのユーザーなら操作に迷うこともありません。既読機能も付いており、誰がメッセージを読んだのかをひと目で把握することができます。ノートやカレンダーなどの機能も利用できるので、メンバー間での情報共有にも役立ちます。

メモ　ビジネスチャットツールのタイプ

ビジネスチャットツールには主に2つのタイプがあります。1つは、インターネット通信でやり取りができる「クラウド型」ビジネスチャットツールです。ハードウェアやソフトウェアはなく、サービスとして利用する特徴があります。もう1つは「オンプレミス型」ビジネスチャットツールです。こちらは、ネットワークを自社内のみに限定して、より強固なセキュリティの中でコミュニケーションを取ることが可能です。

ヒント　業務時間があいまいにならないようにする

ビジネスチャットツールを使ってみると、気軽にコミュニケーションを取れることを実感するでしょう。それゆえに、勤務時間を超えたやり取りには注意が必要です。従業員がきちんとプライベートな時間を持ち、過度なストレスをため込むことのないよう、「業務時間外は基本的に連絡しない」「飲み会の誘いや休日の約束など、業務以外の目的では使用しない」といったルールを決めておくことをおすすめします。

Microsoft Teamsの特徴と画面について

Microsoft Teamsは、テキストでのやり取りのほか、ビデオ会議をしたりファイルを共有したりできるなど、業務を効率よく進めるうえで有用です。ここではその特徴と画面構成を押さえておきましょう。

1 Microsoft Teams の特徴

メモ　Microsoft アカウントがあれば使える

Microsoft Teamsには、基本機能のみが使える無料版と、Microsoft 365のサービスと連携できる有料版の2種類があります。無料版でも、Microsoftアカウントがあれば利用できます。

キーワード　メンション機能

メンションとは、メッセージを送る際に読んでほしい相手を指定して、通知する機能です。参加人数が多く、メッセージのやり取りが活発なグループでは、特定の人向けに重要なメッセージを送っても見逃される可能性があります。このような場合にメンション機能を使うと、目的の相手にだけ確実に通知ができます。グループ内の会話を分断することもなく、相手とのチャットはほかのメンバーも閲覧できるので、情報の共有も可能です。特定の相手に質問したいときなどに便利です。

チャット

1対1はもちろん、グループを作成して複数人とリアルタイムにやり取りすることができます。チームごとにチャネルを作成できるため、話題に応じて整理できるのもポイントです。メッセージには「いいね！」などのリアクションを付けたり、特定の相手のみに送る「メンション機能」を利用したりできるなど、便利な機能が満載です。

ビデオ会議

ビデオ会議を活用すれば、遠隔にいるメンバーとも顔を見ながら会話することができます。会議に参加できるメンバーは最大300人で、そのうち9人分の映像を画面に表示することができます。会議中にチャットでやり取りしたり、ファイルを共有したりすることもできます。また、画面共有機能を利用すれば、自分が開いている画面をほかのメンバーに見せることができるので、言葉だけで説明するのが困難なときに活用するとよいでしょう。さらに、ホワイトボードを利用すれば、ペンを使ってリアルタイムに文字や図形の書き込みができるので、ディスカッションするときやイメージを共有したいときに役立ちます。

ファイル共有

ファイルの共有もかんたんです。Microsoft Teams内にアップロードしたファイルは一覧で確認できるようになっているため、必要なファイルをすぐに見つけることができます。また、Officeアプリとの互換性が高いため、Microsoft 365のファイルであれば、チーム内のメンバーと共同編集することもできます。

2 Microsoft Teamsの画面構成

Microsoft Teamsはシンプルなデザインで、ひと目で操作がわかりやすい設計になっています。まずは基本画面を確認してみましょう。

画面構成

名称	説明
❶メニューバー	各メニューにアクセスできます。クリックすると、チームリストとワークスペースが切り替わります。
❷チームリスト	参加しているチームやチャネルが表示されます。メニューバーで選択した内容によって変わります。
❸検索	キーワードを入力することで、ユーザーやメッセージ、ファイルなどを検索できるほか、コマンドを入力して実行することもできます。
❹プロフィールアイコン	プロフィールの編集やログイン状態の確認のほか、各種設定が行えます。
❺タブ	アプリやファイルをタブとして追加することができます。
❻ワークスペース	内容を投稿したり、投稿された内容を確認したりできます。メニューバーで選択した内容によって変わります。

メモ スマートフォンやタブレットからも使用可能

Microsoft Teamsはブラウザでの利用を始め、パソコンのデスクトップ版アプリ、スマートフォンやタブレット版アプリも用意されています。

メモ スマートフォン版アプリの画面構成

スマートフォン版アプリにサインインすると、「最新情報」画面が表示されます。画面下部のアイコンをタップして、画面を切り替えます。

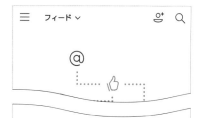

名称	説明
❶最新情報	最新情報がある場合、ここに件数が表示されます。
❷チャット	新規チャット画面が表示されます。
❸チーム	チームやチャネルが表示されます。
❹会議	会議を作成できます。
❺その他	通話やカメラなどの機能を利用できます。

チームに参加しよう

覚えておきたいキーワード
- ☑ チーム
- ☑ 招待
- ☑ ブラウザ版

Microsoft Teamsのチームに参加したいときは、招待メールを送ってもらいましょう。Microsoftアカウントを持っていれば、すぐにチームに参加できます。アプリ版とブラウザ版がありますが、本章ではブラウザ版で解説します。

1 招待メールでチームに参加する

メモ　Microsoft アカウント

Microsoft Teamsを利用するためには、Microsoftアカウントを作成する必要があります。Microsoftアカウントとは、Microsoftが提供するソフトウェアやサービスを利用するためのアカウントのことです。Windows 10では、サインインするユーザーアカウントとして必要です。また、Outlook、Office、Skype、OneDriveなどを1つのMicrosoftアカウントでまとめて管理できます。Microsoftアカウントを取得する方法についてはSec.67を参照してください。

1 招待されると招待メールが届くので、メール内の<Join Teams>をクリックします。

Hi, yoichi05morinaga

清水芳 (＿＿＿＿＿＿＿＿＿ onmicrosoft.com) has invited you to join the **こもれび出版** org in **Microsoft Teams**! Join now and start collaborating with your teammates.

Join Teams

2 アクセス許可に関する画面が表示されるので、内容を確認し、<承諾>をクリックします。

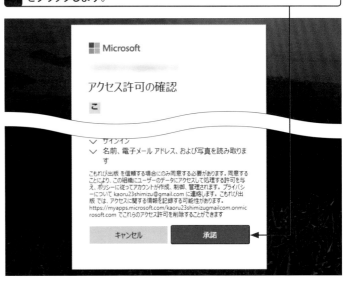

■ Microsoft

アクセス許可の確認

こ

∨ サインイン
∨ 名前、電子メール アドレス、および写真を読み取ります

こもれび出版 を信頼する場合にのみ同意する必要があります。同意することにより、この組織にユーザーのデータにアクセスして処理する許可を与え、ポリシーに従ってアカウントが作成、制御、管理されます。プライバシーについて kaoru23shimizu@gmail.com に連絡します。こもれび出版 では、アクセスに関する情報を記録する可能性があります。https://myapps.microsoft.com/kaoru23shimizugmailcom.onmicrosoft.com でこれらのアクセス許可を削除することができます

キャンセル　　承諾

3 <代わりにWebアプリを使用>をクリックします。

メモ参照

メモ　デスクトップ版アプリ

手順**3**の画面で<Windowsアプリをダウンロード>をクリックすると、デスクトップ版アプリを利用することができます。なお、本章ではブラウザ版で解説しています。

4 使用する名前を入力し、　**5** <次へ>をクリックします。

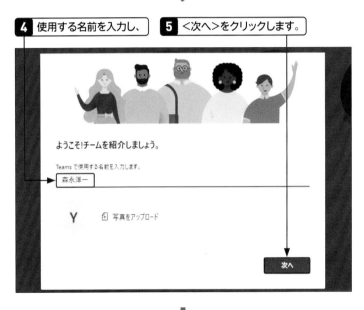

メモ　招待リンク

初回起動時は、手順**5**の画面のあとに招待リンクのダイアログボックスが表示されます。リンクをコピーしてメールに貼り付ければ、ほかのユーザーを招待することができます。

6 設定が完了し、Microsoft Teamsの「チーム」画面が表示されます。

メモ　「チーム」画面について

メニューバーの<チーム>をクリックすると、参加しているチームやチャネル(Sec.28参照)が表示されます。この画面では、「チームやチャネルの作成」「メンバーの招待」「チームに所属するメンバーとのやり取り」などができます。

メッセージを
やり取りしよう

覚えておきたいキーワード
- ☑ メッセージを送信
- ☑ メッセージに返信
- ☑ リアクション

チャネル内ではメッセージでコミュニケーションを取ることができます。メッセージにリアクションを付けたり、特定の相手にメッセージを送ったりすることも可能です。

1 メッセージを送信する

ヒント メッセージに「いいね!」を付ける

メッセージにマウスポインターを合わせると右上に6種類のアイコンが表示され、リアクションを付けることができます。「いいね!」を付けたいときは、👍をクリックします。

メッセージにマウスポインターを合わせ、👍をクリックします。

メモ スマートフォンからメッセージを送信する

スマートフォンからメッセージを送信するには、以下のように操作します。

1 「チーム」画面で＜投稿＞→🖉の順にタップします。

2 メッセージを入力したら、

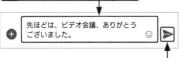

先ほどは、ビデオ会議、ありがとうございました。

3 ▷をタップします。

1 メッセージを送りたいチャネルを表示し、＜新しい投稿＞をクリックします。

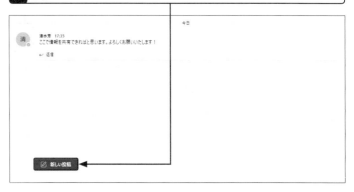

2 メッセージを入力して、 **3** ▷をクリックします。

明日の11時から企画ミーティングを行いたいと思いますが、いかがでしょうか？

4 メッセージが送信されます。

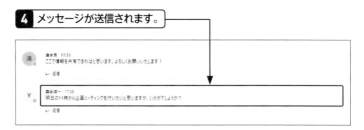

清水秀 17:35
ここで情報を共有できればと思います。よろしくお願いいたします！
↩ 返信

森永洋一 17:38
明日の11時から企画ミーティングを行いたいと思いますが、いかがでしょうか？
↩ 返信

2 メッセージに返信する

1 返信したいメッセージの＜返信＞をクリックし、

2 メッセージを入力したら、　**3** ▷をクリックします。

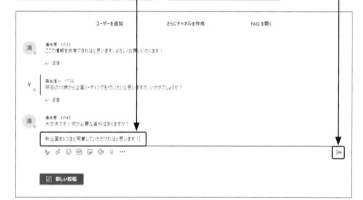

4 返信のメッセージが送られます。

ヒント 特定の相手に
メッセージを送る

特定の相手にメッセージを送りたいときは、メンション機能を利用しましょう。メッセージ入力欄に「@」を入力すると候補が表示されるので、相手の名前をクリックしてメッセージを入力します。メンション機能は特定の相手だけでなく、チーム名やチャネル名を入力することもできます。

1 メッセージに「@」を入力し、

2 表示された候補の中から、相手を
クリックして選択します。

メモ スマートフォンから
メッセージに返信する

スマートフォンからメッセージに返信するには、以下のように操作します。

1 「チーム」画面でチャネルを開いて
＜投稿＞をタップし、

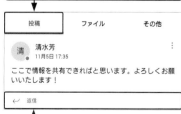

2 返信したいメッセージの＜返信＞を
タップし、内容を入力して送信します。

Section 25 ファイルを送信しよう

覚えておきたいキーワード
- ☑ 投稿
- ☑ ファイル送信
- ☑ 共有

Microsoft Teams はメッセージを送信するだけでなく、ファイルの送信も可能です。チャネルに参加しているメンバー全員とファイルを共有することができるため、作業を効率よく進めるうえで役立ちます。

1 ファイルを送信する

💡 ヒント　ファイルのアップロード

手順**3**の画面で＜チームとチャネルを参照＞をクリックすると、過去にチーム内やチャネル内でやり取りしたファイルを選択できます。
＜OneDrive＞をクリックすると、OneDrive内のファイルを選択できます。

1 ＜新しい投稿＞をクリックし、

2 📎をクリックして、

3 ＜コンピューターからアップロード＞をクリックします。

第**3**章　ビジネスチャットツール「Microsoft Teams」を使いこなそう

4 「開く」画面が表示されるので、送信したいファイルをクリックして選択し、

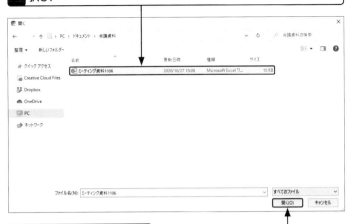

5 <開く>をクリックします。

6 メッセージにファイルが添付されるので、メッセージの内容を入力し、

7 ▷をクリックします。

8 メッセージといっしょにファイルが送信されます。

メモ スマートフォンから
ファイルを送信する

スマートフォンからファイルを送信するには、以下のように操作します。

1 「チーム」画面でチャネルを開いて<投稿>→⬚の順にタップし、

2 ⊕をタップします。

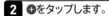

3 <添付>をタップして、ファイルを選択します。

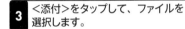

4 メッセージにファイルが添付されるので、メッセージの内容を入力し、

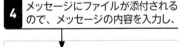

5 ▷をタップします。

ユーザーを追加しよう

組織やチームにユーザーを追加してみましょう。外部のユーザーも招待できます。なお、ユーザーを追加できるのは、組織の場合は管理者、チームの場合は所有者またはその役割に設定されているメンバーのみです。

1 組織にユーザーを追加する

ヒント 参加リクエストを承認する

招待リンクを共有した場合は、招待したユーザーから参加リクエストが届きます。手順**2**の画面で＜保留中のリクエスト＞をクリックすると、参加リクエストの一覧が表示されるので、＜承認＞をクリックしましょう。

手順**2**の画面で＜保留中のリクエスト＞をクリックし、＜承認＞をクリックします。

1 「チーム」画面を表示し、＜ユーザーを招待＞をクリックしたら、

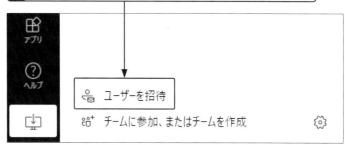

⊞
アプリ

?
ヘルプ

⬇

🔒 ユーザーを招待

👥⁺ チームに参加、またはチームを作成　　　　⚙

2 招待方法をクリックして、ユーザーを招待します。

こもれび出版 組織への参加にユーザーを招待する

保留中のリクエスト

🔗 リンクのコピー ⓘ
https://teams.microsoft.com/join/d6hebm6dg1b9

👤⁺ 連絡先を招待
メールの連絡先リストからユーザーを追加します

✉ メールで招待
任意のメールアドレスに招待を送信します

ヒント参照

2 チームにユーザーを追加する

1 「チーム」画面を表示し、…をクリックして、

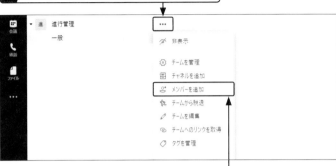

2 <メンバーを追加>をクリックします。

3 追加したいメンバーの名前やメールアドレスを入力して、

進行管理にメンバーを追加

チームに追加するために名前、配布リスト、またはセキュリティグループを入力してください。メールアドレスを入力することで、組織外のユーザーを追加することもできます。

佐 佐藤健太 ×   追加

4 <追加>をクリックすると、相手に招待メールが届きます（Sec.23参照）。

5 <閉じる>をクリックします。

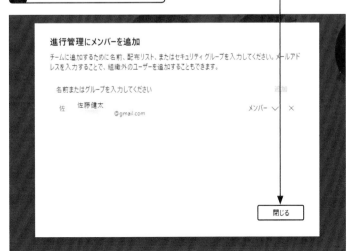

進行管理にメンバーを追加

チームに追加するために名前、配布リスト、またはセキュリティグループを入力してください。メールアドレスを入力することで、組織外のユーザーを追加することもできます。

名前またはグループを入力してください   追加

佐 佐藤健太
@gmail.com   メンバー ∨ ×

閉じる

 メモ スマートフォンから
ユーザーを追加する

スマートフォンからユーザーを追加するには、以下のように操作します。

1 「チーム」画面で、メンバーを追加したいチームの⋮をタップし、

2 <メンバーを管理>をタップします。

3 ⊕をタップして追加します。

4 名前またはメールアドレスを入力し、

5 表示された候補名をタップします。

6 ∨をタップします。

73

Section 27 チームを作成しよう

覚えておきたいキーワード
- ☑ チームの作成
- ☑ プライベート
- ☑ パブリック

ほかのメンバーと共同作業するときは、部署やプロジェクトごとなどにチームを作成しておくと便利です。基本的に、ユーザーは誰でもチームを作成できますが、管理者がチームを作成できないように権限を制限していることもあります。その場合は、組織の管理者に確認しましょう。

1 チームを作成する

メモ スマートフォンから
チームを作成する

1 「チーム」画面で、画面上部の︙を
タップし、

2 <新しいチームを作成>をタップし
ます。

3 チーム名を入力し、

4 説明(オプション)を入力します。

5 チームの種類(ここでは<プライ
ベート>)をタップして設定し、

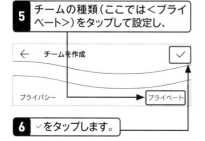

6 ∨をタップします。

1 「チーム」画面を表示し、<チームに参加、またはチームを作成>をク
リックします。

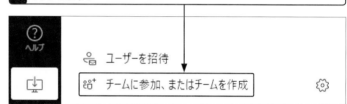

2 <チームを作成>をクリックし、

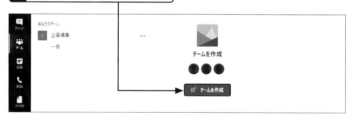

3 <最初から>をクリックします。

4 チームの種類（ここでは＜プライベート＞）をクリックし、

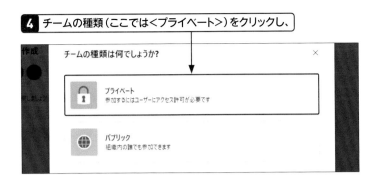

チームには、チームの所有者が許可したユーザーだけしか参加できない「プライベート」と、組織内のユーザーなら誰でも参加できる「パブリック」の2種類があります。プロジェクトの関係者や管理職など、機密事項を扱うユーザーのチームを作るときはプライベートに設定しておくと便利です。

5 チーム名や説明を入力して（右下のメモ参照）、

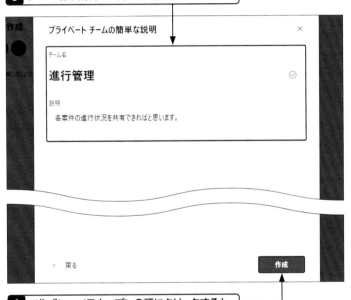

6 ＜作成＞→＜スキップ＞の順にクリックすると、

7 チームが作成されます。

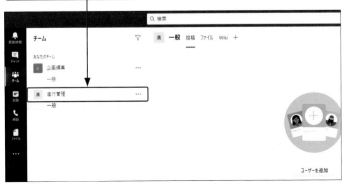

手順**5**で入力するチーム名は、「○○営業部」「○○プロジェクト」など、どんなチームなのか具体的にわかる名前にしましょう。説明にはチームの目的やルールなどを入力しておくと、チーム作成者の意図が参加者に伝わりやすくなり、スムーズな運営をするうえで有利になります。

チャネルを作成しよう

覚えておきたいキーワード
- ☑ チャネルの作成
- ☑ 標準チャネル
- ☑ プライベートチャネル

チャネルとは、チーム（Sec.27参照）をさらに細分化したグループです。チャネルは特定の話題や案件ごとに作成できるので、管理もしやすくなります。チャネルには、「標準チャネル」と「プライベートチャネル」があります。

1 標準チャネルを作成する

メモ チャネルの種類

標準チャネルは、チームのメンバー全員が作成でき、作成したチャネルは全員に公開されます。チーム全体に共有したいことがある場合は、標準チャネルにしておくと便利です。なお、プライベートチャネルにおいてもチームメンバー全員が作成できますが、ゲストは作成できません。プライベートチャネルの所有者とメンバーであるチームのユーザーのみチャネルにアクセスすることが可能です。

ヒント チャネルの編集と削除

作成したチャネルは、「チーム」画面から編集・削除ができます。編集するときは、P.77手順7の画面で<このチャネルを編集>をクリックします。表示された画面で、「チャネル名」と「説明（省略可能）」を編集し、<保存>をクリックすると、変更が反映されます。削除するときは、<このチャネルを削除>→<削除>の順にクリックします。

1 「チーム」画面を表示し、チャネルを作成したいチームの…をクリックして、

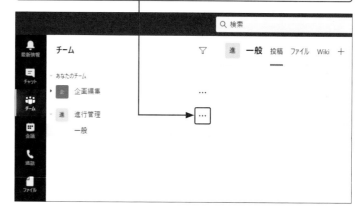

2 <チャネルを追加>をクリックします。

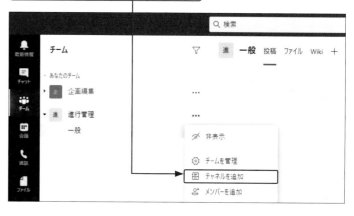

3 チャネル名と説明を入力し、

4 「プライバシー」で<標準 - チームの全員がアクセスできます>をクリックして選択したら、

5 <追加>をクリックします。

6 チャネルが作成されます。

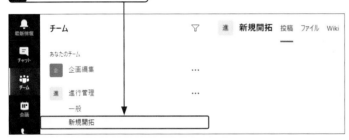

7 チャネルの…をクリックすると、チャネルに関するさまざまな操作が行えます（P.76のヒント参照）。

メモ スマートフォンから
標準チャネルを作成する

スマートフォンから標準チャネルを作成するには、以下のように操作します。

1 「チーム」画面で、チャネルを作成したいチームの⋮をタップし、

2 <チャネルを管理>をタップします。

3 ●をタップし、

4 チャネル名と説明を入力して、

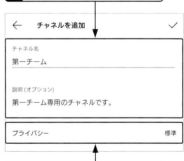

5 <プライバシー>→<標準>の順にタップします。

77

2 プライベートチャネルを作成する

 メモ プライベートチャネルとは

プライベートチャネルは、チームのメンバー全員が作成できますが、所有者が追加したメンバーしか閲覧することができません。特定のメンバーと情報を共有したいときや、チーム全体に見られたくない内容をやり取りするときなどに役立ちます。

1 「チーム」画面を表示し、チャネルを作成したいチームの…をクリックして、

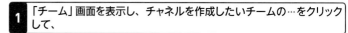
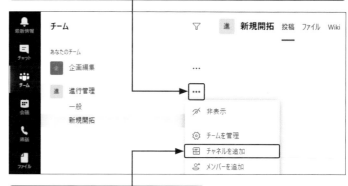

2 <チャネルを追加>をクリックします。

3 チャネル名と説明を入力し、

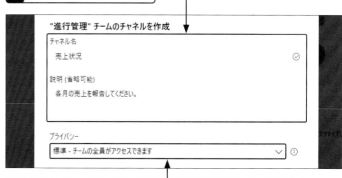

4 <標準 - チームの全員がアクセスできます>をクリックしたら、

5 <プライベート - チーム内のユーザーの特定のグループしかアクセスできません>をクリックします。

ヒント プライベートチャネルの編集と削除

プライベートチャネルの編集と削除については、標準チャネルの方法と同じです。P.76のヒントを参照してください。

第**3**章 ビジネスチャットツール「Microsoft Teams」を使いこなそう

6 ＜次へ＞をクリックし、

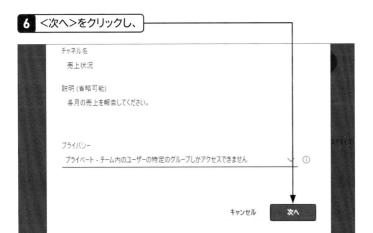

7 ＜スキップ＞をクリックすると、

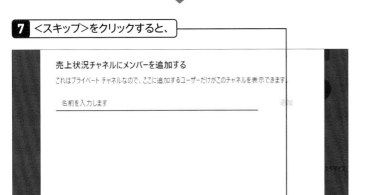

8 プライベートチャネルが作成され、プライベートチャネルであることを示す 🔒 が表示されます。

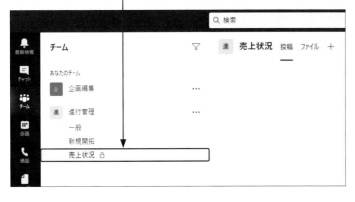

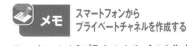

メモ スマートフォンから
プライベートチャネルを作成する

スマートフォンからプライベートチャネルを作成するには、以下のように操作します。

1 P.77メモの手順**5**の画面で＜プライバシー＞をタップし、

2 ＜プライベート＞をタップします。

3 ✓ をタップすると、プライベートチャネルが作成されます。

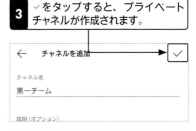

4 任意でメンバー（ここでは、清水芳）をタップ、または入力して追加し、

5 ✓ をタップします。

29 メッセージを検索しよう

覚えておきたいキーワード
- ☑ メッセージの検索
- ☑ ワークスペース
- ☑ フィルター

検索機能を利用すれば、過去にやり取りしたメッセージにすばやくアクセスすることができます。すべてのチームやチャネルをまとめて検索できるほか、フィルター機能で条件を絞って検索することもできます。

1 メッセージを検索する

メモ　スマートフォンから　メッセージを検索する

スマートフォンからメッセージを検索するには、以下のように操作します。

1 「チーム」画面で、画面上部の🔍をタップし、

2 キーワードを入力して、

3 検索結果のメッセージをタップすると、前後のやり取りを確認できます。

1 「チーム」画面上部の<検索>をクリックし、

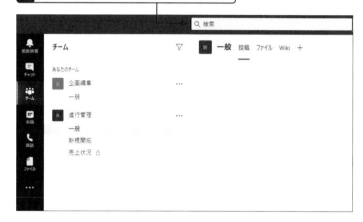

2 検索したいキーワードを入力したら、Enter を押します。

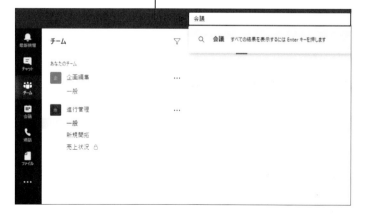

第3章 ビジネスチャットツール「Microsoft Teams」を使いこなそう

3 検索結果が表示されるので、ここでは＜メッセージ＞をクリックします。

右上のヒント参照

4 検索結果のメッセージをクリックすると、ワークスペースに強調して表示されます。

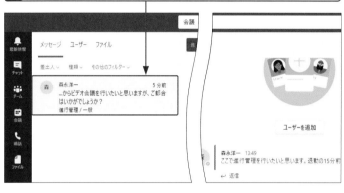

5 手順**3**の画面で＜その他のフィルター＞をクリックすると、

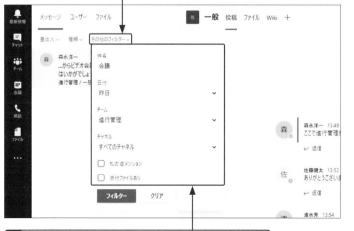

6 条件を設定してメッセージを検索することができます。

ヒント ユーザーとファイルを検索する

手順**3**の画面で＜ユーザー＞または＜ファイル＞をクリックすると、それぞれユーザーやファイルを検索できます。

ヒント スマートフォンからユーザーとファイルを検索する

P.80メモの方法で、ユーザーやファイルを検索することもできます。

ユーザーを検索する

1 ユーザー名を入力して、

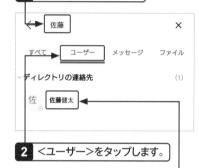

2 ＜ユーザー＞をタップします。

3 表示された候補名をタップすると、相手の連絡先が表示されます。

ファイルを検索する

1 ファイル名を入力して、

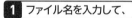

2 ＜ファイル＞をタップします。

3 表示された候補名をタップすると、ファイルを表示できます。

第**3**章 ビジネスチャットツール「Microsoft Teams」を使いこなそう

覚えておきたいキーワード
- ☑ メッセージの保存
- ☑ メッセージ一覧
- ☑ ワークスペース

忘れたくないメッセージや重要なメッセージは保存しておきましょう。保存したメッセージはあとからまとめて確認できるほか、その前後のやり取りも確認できるので便利です。

1 メッセージを保存する

メモ スマートフォンから
メッセージを保存する

スマートフォンからメッセージを保存するには、
以下のように操作します。

1 メッセージの : をタップし、

2 <保存>をタップします。

1 保存したいメッセージにマウスポインターを合わせ、

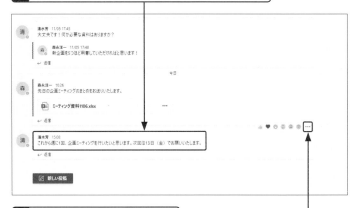

2 表示された…をクリックします。

3 <このメッセージを保存する>をクリックすると、

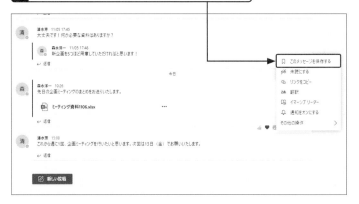

4 メッセージが保存され、プロフィールアイコンの下に「保存済み」と表示されます。

◎ 組織全体　　　　■ 保存済み

保存したメッセージを確認する

1 プロフィールアイコンをクリックし、

Microsoft Teams free

森　森永洋一
プロフィールを編集

FAQ を開く

◎ 連絡可能　　　　　　　　　　　　　　＞
☑ ステータス メッセージを設定
🔖 保存済み
⚙ 設定

キーボード ショートカット
情報　　　　　　　　　　　　　　　　＞
デスクトップ アプリをダウンロード

2 ＜保存済み＞をクリックします。

↓

3 メッセージ一覧に表示される、保存されたメッセージをクリックすると、

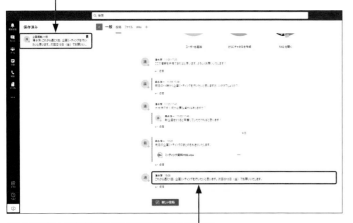

4 ワークスペースに強調して表示されます。

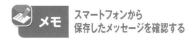　スマートフォンから
保存したメッセージを確認する

スマートフォンから保存したメッセージを確認するには、以下のように操作します。

1 画面下部で＜その他＞をタップし、

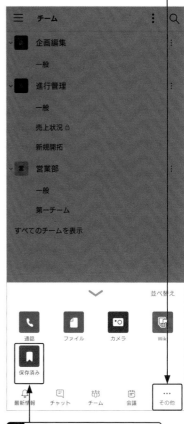

≡　チーム　　　　　　　　⋮　Q

企画編集
　一般

進行管理
　一般
　売上状況 🔒
　新規開拓

営業部
　一般
　第一チーム

すべてのチームを表示

並べ替え

📞　　　📄　　　📷　　　🗂
通話　　ファイル　カメラ　　Wiki

🔖
保存済み

🔔　　　💬　　　👥　　　📅　　⋯
最新情報　チャット　チーム　会議　その他

2 ＜保存済み＞をタップします。

緊急のお知らせを送ろう

覚えておきたいキーワード
☑ **チーム・チャネル**
☑ **アナウンス**
☑ **重要な情報**

チーム内のメンバー全員に周知したい重要な情報は、アナウンス機能を利用して送ると便利です。大きな見出しを付けてメッセージを送れるため、メンバーはひと目で確認することができます。

1 アナウンスを送る

メモ **スマートフォンから
アナウンスを送信する**

スマートフォンからアナウンスを送信するには、以下のように操作します。

1 「チーム」画面でチャネルを開いて
<投稿>→◉の順にタップし、

2 ⊕をタップします。

3 <優先度>をタップして、

4 <重要>をタップします。メッセージ入力欄に「重要!」と表示されるので、そのままメッセージを入力して、送信します。

1 <新しい投稿>をクリックし、

をクリックします。

2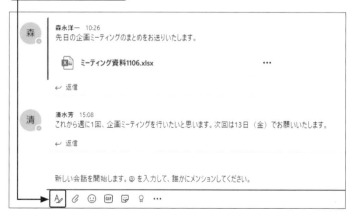

3 <新しい投稿>をクリックして、

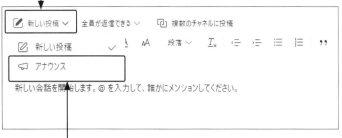

4 <アナウンス>をクリックすると、

5 見出しとサブヘッド（右上のメモ参照）が挿入されるので、それぞれ入力して、　　右下のメモ参照

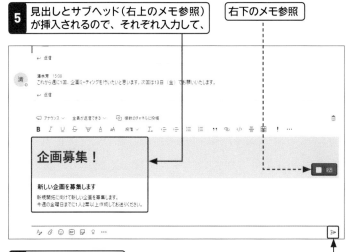

6 ▷をクリックします。

7 アナウンスが送信され、メッセージにアナウンスを示す が表示されます。

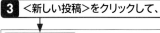 **メモ** 見出しとサブヘッド

アナウンスの投稿では、見出しとサブヘッドを入力できます。見出しは大きな字で投稿されるほか、背景色と背景画像を変更することもできます。サブヘッドには、通常どおり本文を入力します。また、特定の相手に送りたい場合は、「@」を入力すると候補名が表示されるので、任意の相手をクリックして選択します。

メモ 見出しを編集する

手順**5**の画面で、見出しの□をクリックすると配色を変更できます。また、□をクリックすると背景画像を挿入できます。

ビデオ会議に招待しよう

ビデオ会議を利用すれば、遠隔にいるメンバーとも顔を見ながら会話することができます。会議中に画面を共有したり、チャットでやり取りしたりすることも可能です。ビデオ会議には最大300人が参加できます。

1 ビデオ会議に招待する

メモ チャットから
ビデオ会議を始める

チャット中にビデオ会議を始めたいときは、チャネルを開き、ワークスペース右上の＜会議＞をクリックします。

1 ＜会議＞をクリックします。

2 ＜今すぐ会議＞をクリックすると、ビデオ会議が始まります。

1 「チーム」画面で＜会議＞をクリックし、

2 ＜今すぐ会議＞をクリックします。

次回の開始をスケジュールする
高品質のビデオと音声で、どこにいてもだれとでも会議ができます。

今すぐ会議
すぐに会議を開始します。

会議をスケジュールする
リンクを共有して後で会議を開始します。

3 <今すぐ参加>をクリックすると、通話が始まります。

 **4** をクリックし、

5 名前やメールアドレスを入力したら、

ユーザー ・・・ ✕

清水

清水芳
@gmail.com

● 開催者

 **6** 候補から相手をクリックします。

7 相手が<今すぐ参加>をクリックすると、ビデオ会議が始まります。

メモ **スマートフォンから
ビデオ会議に招待する**

スマートフォンからビデオ会議に招待するには、以下のように操作します。

1 画面下部で<会議>をタップし、

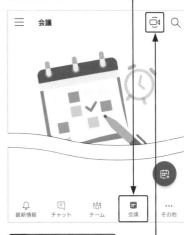

2 をタップします。

3 アクセス許可を求められたら<許可>をタップし、

4 <今すぐ参加>をタップして、

5 <参加者を追加>をタップします。

6 次の画面で をタップすると、チーム内のメンバーから参加者を追加することができます。また、 < をタップすると、メールやチャットアプリを介して、参加者を追加することが可能です。

ビデオ会議の設定をしよう

覚えておきたいキーワード
- ☑ カメラ
- ☑ マイク
- ☑ バーチャル背景

カメラのオン／オフは自由に切り替えることができます。また、デフォルトでは背後の様子が映っていますが、バーチャル背景を利用すれば、背景を自由にカスタマイズすることができます。

第3章 ビジネスチャットツール「Microsoft Teams」を使いこなそう

1 カメラをオン／オフにする

 メモ　マイクをオン／オフにする

手順**1**の画面で、🎤の⬤をクリックして⬤にすると、マイクをオフにできます。なお、⬤をクリックして⬤にすると、マイクがオンになります。

 メモ　ビデオ会議中に操作する

ビデオ会議中にカメラのオン／オフを切り替えたいときは、📷をクリックします。

1 P.86手順**1**〜**2**を参考にビデオ会議の画面を表示し、📷の⬤をクリックして⬤にすると、

左中段のメモ参照

 メモ　スマートフォンからカメラをオン／オフにする

スマートフォンからカメラをオン／オフにするには、以下のように操作します。

P.87メモの手順**5**の画面で、📷をタップします。

2 カメラがオフになります。

3 ⬤をクリックすると、カメラがオンになります。

2 バーチャル背景を設定する（デスクトップ版アプリのみ）

1 デスクトップ版アプリのビデオ会議開始前の画面で、🖼をクリックします。

🔍 **キーワード** バーチャル背景

バーチャル背景は、プライバシーに配慮した設定で、自宅など背景の様子を映したくないときに活用できます。デフォルトでさまざまなものが用意されていますが、自分で用意した背景画像を設定することもできます。オリジナルの背景にしたいときは、手順**2**の画面で＜新規追加＞をクリックし、画像を選択します。

2 変更したい背景をクリックして選択すると、　　　**右上のキーワード参照**

💡 **ヒント** バーチャル背景の制限

バーチャル背景を利用できるのはデスクトップ版アプリとモバイル版アプリのみです。モバイル版アプリでは「ぼかし」背景のみバーチャル背景として設定できます。なお、Microsoft Teamsでバーチャル背景を利用できない場合は、アプリのアップデートを試してみましょう。また、Microsoft Teamsを使えないOSやパソコンの必要スペックなども事前に確認しておきましょう。

3 背景が変更されるので、＜今すぐ参加＞をクリックしてビデオ会議を開始します。

✏️ **メモ** 設定したバーチャル背景を無効にする

クリックすると、設定したバーチャル背景を無効にできます。

🖊 メモ　プレビュー

プレビューには、「前もって確認する」という意味があり、「プレビュー画面」として、よく使われる言葉でもあります。パソコンなどで印刷をするときに、ファイルの内容、作成した図や表、文章などがイメージどおりかどうか事前に確認するための機能です。Microsoft Teamsのビデオ会議画面においても、「プレビュー」機能を利用することで、ビデオ会議画面の背景や自分の映り込みの様子などを前もって確認することができます。

会議中に背景を変更する

1 ビデオ会議中の画面で ⋯ をクリックし、

2 <背景効果を適用する>をクリックします。

3 変更したい背景をクリックして選択し、

4 <プレビュー>をクリックします。

5 画面右下のプレビュー画面を確認し、問題なければ<適用してビデオをオンにする>をクリックします。

Chapter 04

第**4**章

リモートデスクトップ機能「Chrome リモート デスクトップ」を使いこなそう

リモートデスクトップ機能
でできること

リモートデスクトップ機能では、インターネット回線を経由することで、遠隔から別のパソコンを操作することができます。Web ブラウザやアプリの操作はもちろん、データのダウンロードなどの操作も可能です。多くの場合、複雑な環境構築なども必要ないため、誰でもかんたんに導入できます。

覚えておきたいキーワード
- ☑ リモートデスクトップ
- ☑ 遠隔から操作
- ☑ パソコンの共有

1 自宅から会社のパソコンにアクセスできる

ヒント　リモートデスクトップを利用する際の注意点

リモートデスクトップで会社のパソコンを操作すると、操作中の画面を第三者に見られる可能性があります。不正アクセスを防ぐため、会社のパソコンのモニターの電源を切ったり、重要なファイルを保存しているフォルダにパスワードを設定したりするなどのセキュリティ対策を行うようにしましょう。

リモートデスクトップ機能とは、パソコンどうしをネットワークで接続し、遠隔からの操作を可能にする機能です。会社内にあるパソコンでなければアクセスできない Web サイトやアプリを自宅から利用することができます。そのため、仕事用のパソコンを社外に持ち出せない場合などに役立つほか、会社にいる相手に自宅からパソコンの操作方法を教えるケースのように、複数のパソコンを同時に操作したい場合などにも便利です。

自宅から会社のパソコンを操作できる

2 会社のパソコンに保存しているデータをダウンロードできる

リモートデスクトップ機能は、Web サイトの閲覧やアプリの起動だけでなく、ファイルのアップロードやダウンロードも可能です。仕事に必要なファイルを会社のパソコンに保存している場合などに役立ちます。ただし、これらの機能を利用するには、インターネット回線が安定していることが不可欠です。

Section 35 代表的なリモートデスクトップ機能

数あるリモートデスクトップ機能の中でも、代表的なのは「Chrome リモート デスクトップ」です。アプリをダウンロードするだけで、かんたんに遠隔地のデバイスから社内のパソコンを操作することができます。タブレットやスマートフォンからも利用することができます。

1 Chrome リモート デスクトップの特徴

手軽に導入できる

パソコンをリモートで操作するソフトは以前からありましたが、システム管理の知識が必要であるなどハードルが高く、手軽に導入できませんでした。しかし、「Chrome リモート デスクトップ」であれば、「Google Chrome」と「Chrome リモート デスクトップ」アプリをインストールするだけで、すぐにリモートデスクトップ機能を利用することができます。アプリは無料でダウンロード可能です。

幅広い OS やデバイスに対応している

「Chrome リモート デスクトップ」は、Windows 10、macOS、Linux、Chromebook、Android、iOS など、さまざまな OS・デバイスに対応しています。スマートフォンやタブレットでも利用できるため、外出先にパソコンを持ち出さなくてもリモートデスクトップ機能を利用することができます。

メモ Google Chrome について

Google Chrome は、Google が提供している Web ブラウザ（インターネットを利用して Web ページを閲覧するためのソフトウェア）です。パソコンだけでなく、iOS や Android などスマートフォンやタブレットのアプリとしても利用可能です。

メモ Linux（リナックス）

Linux とは、macOS や Windows 10 と同じ OS の 1 種です。当初はパソコン用に作られた OS でしたが、現在はスーパーコンピューター、メインフレーム、サーバー、パーソナルコンピューター、組み込みシステム（携帯電話やテレビなど）といった幅広い種類のハードウェアで使用されています。比較的低スペックのパソコンでも快適に動作することで知られ、サーバー用途でもよく使われます。

メモ Chromebook（クロームブック）

Chromebook は、Google が独自に開発した OS「Chrome OS」を搭載したパソコンのことです。インターネットに接続しての利用を前提に作られています。

リモートアクセス用に
会社のパソコンを設定しよう

職場にあるパソコンがスリープしてしまうと、自宅からのリモートアクセスができなくなるため、あらかじめスリープしない設定にしておく必要があります。ノートパソコンの場合は、カバーを閉じてディスプレイが見えない状態にしても、パソコンが起動したままにするよう設定します。

1 スリープの設定を解除する

メモ スリープの解除や起動はできない

リモートアクセスでは、パソコンの起動やスリープの解除などはできません。リモートアクセス用のパソコンの電源がオフになったり、スリープ状態になったりしてしまった場合は、直接電源を入れたり、スリープを解除したりなどの操作が必要です。

1 会社のパソコンのデスクトップ画面で田をクリックし、

2 ⚙をクリックします。

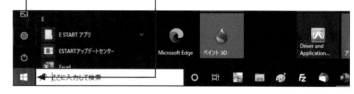

3 「設定」アプリが起動するので、<システム>をクリックします。

4 <電源とスリープ>をクリックし、

ヒント 会社のパソコンは再起動させない

リモートアクセス中に会社のパソコンを再起動すると、家からではログインの操作ができないため、リモートアクセスができなくなります。Windowsアップデートが公開されたときなどは注意しましょう。

5 「スリープ」のメニューをクリックし、<なし>を選択します。

2 ノートパソコンのカバーを閉じたときの動作を設定する

1 P.94手順**5**の画面で、<電源の追加設定>をクリックし、

P.94

メモ カバーの動作設定

初期状態では、「カバーを閉じたときの動作」は「スリープ状態」に設定されています。そのため、通常の場合、ノートパソコンのカバーを閉じると、パソコンはスリープ状態に切り替わります。

2 <カバーを閉じたときの動作の選択>をクリックします。

3 「カバーを閉じたときの動作」の右の2つの項目をそれぞれ<何もしない>に設定し、

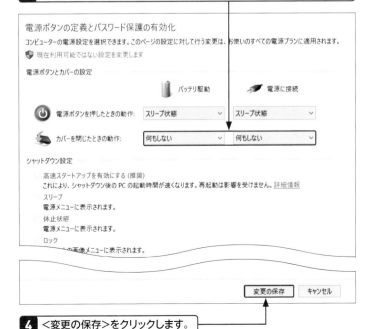

ヒント ノートパソコンのバッテリー

ノートパソコンを電源に接続したまま長期間にわたって使用すると、内蔵バッテリーが劣化して充電能力が低下したり、バッテリー自体が膨張したりするなどの障害が発生することがあります。心配な場合はデスクトップパソコンを利用するか、ノートパソコンを持ち帰って作業するようにしましょう。

4 <変更の保存>をクリックします。

Section 37 会社のパソコンでリモートアクセスの設定をしよう

自宅から会社のパソコンにリモートアクセスできるよう、まずは会社のパソコンでChromeリモート デスクトップの設定を行います。設定では、Chrome拡張の追加やパソコン名、PINの設定を行います。設定前に、必ずWebブラウザ「Google Chrome」をインストールしておきましょう。

1 リモートアクセスを設定する

メモ　「Chrome リモート デスクトップのトップ画面」を表示する

1 Google Chromeで「https://remotedesktop.google.com/home」にアクセスし、

2 <リモートアクセス>をクリックします。

3 Googleアカウントのログイン画面が表示された場合は入力し、

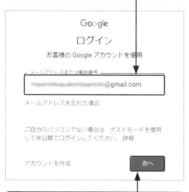

Google
ログイン
お客様の Google アカウントを使用

━━━━━━━━━━━@gmail.com

メールアドレスを忘れた場合

ご自分のパソコンでない場合は、ゲストモードを使用して非公開でログインしてください。詳細

アカウントを作成　　　次へ

4 <次へ>をクリックすると、右の手順**1**の画面が表示されます。

1 左のメモを参考に、Chrome リモート デスクトップのトップ画面を表示します。すでにサービスが終了したデスクトップ版の案内がされた場合は、<インストールしない>をクリックし、

2 ×をクリックします。

3 「リモートアクセスの設定」の をクリックします。

4 「Chromeウェブストア」画面が表示されます。<Chromeに追加>をクリックします。

5 ＜拡張機能を追加＞をクリックします。

6 「インストールの準備完了」画面が表示されたら、＜同意してインストール＞をクリックします。

7 「Chrome Remote Desktop が chromeremotedesktophost.msi を開くことを許可しますか?」と表示されたら＜はい＞をクリックし、「このアプリがデバイスに変更を加えることを許可しますか?」と表示されたら＜はい＞をクリックして、任意のパソコン名を入力します。

8 ＜次へ＞をクリックして、

9 6桁以上のPIN（暗証番号）を2回入力し、

10 ＜起動＞をクリックすると、リモートアクセスの設定が完了します。

 メモ リモートアクセスの設定完了後

リモートアクセスの設定が完了したら、Google Chromeを閉じても問題ありません。

 ヒント リモートアクセスの設定完了後のパソコン

リモートアクセスの設定が完了したあと、会社のパソコンを以下の状態にしないようにしましょう。

・電源を切る

・Windowsからログアウトする（再起動含む）

・スリープ状態にする

会社のパソコンがオフラインになると、自宅のパソコンからリモートアクセスできなくなります。また、自宅のパソコンから再ログインすることもできません。

自宅のパソコンで
リモートアクセスしよう

自宅のパソコンから、会社のパソコンにリモートアクセスをするには、両者で同じ Google アカウントでログインしたあとで Google Chrome から専用サイトにアクセスし、自宅のパソコンで PIN を入力して接続します。接続完了後は、会社にいるときと同じように作業ができます。

1 Google Chrome でリモートアクセスする

メモ スマートフォンから
リモートアクセスする

1 <リモートデ...>→≡→<アカウントを追加する>の順にタップし、ログイン画面でSec.37と同じGoogleアカウントのメールアドレスを入力して、

メールアドレスまたは電話番号
●●●●●●●●●●●●@gmail.com

メールアドレスを忘れた場合

アカウントを作成   次へ

2 <次へ>をタップします。

3 パスワードを入力して<次へ>をタップし、本人であることを確認する画面が表示されたら、<次へ>をタップして、P.97手順**9**で設定した6桁のPINを入力します。

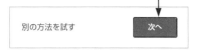

別の方法を試す   次へ

4 利用規約が表示されたら確認して<同意する>をタップし、P.97手順**7**で設定したパソコン名をタップすると、リモートアクセスできます。

≡ マイ コンピュータ   C

🖥 DESKTOP-79I41V9

1 自宅のパソコンのGoogle Chromeで、P.96メモの手順**1**~**4**を参考にChrome リモート デスクトップのトップ画面にアクセスし、「リモートのデバイス」に表示されているパソコン名をクリックします。

トップ

リモートのデバイス   リモート アクセス リモート サポート

リモートのデバイス

🖥 DESKTOP-7QN91VJ
オンライン

このデバイス

🖥 DESKTOP-79I41V9
オンライン

2 接続するまで、しばらく待機します。

DESKTOP-7QN91VJ

3 P.97手順 **9** で設定した6桁のPINを入力して、

4 ⬅をクリックします。

DESKTOP-7QN91VJ

このデバイスに PIN を保存します。

右上のメモ参照

メモ　PINを保存する

毎回同じユーザーがリモートデスクトップ機能を利用する場合は、手順 **3** の画面で＜このデバイスにPINを保存します。＞をクリックしてチェックを付けておくと、次回からPINを入力せずにリモートアクセスを利用できるようになるので便利です。

⬇

5 リモートアクセスで接続され、Google Chrome上に会社のパソコンの画面が表示されます。

メモ　リモートアクセスした画面を全画面表示する

リモートアクセスした画面を全画面表示したい場合の手順は、Sec.39を参照してください。

リモートデスクトップを
全画面表示にしよう

リモートアクセスで表示した会社のパソコンの画面は、かんたんに全画面表示に切り替えることができます。ウィンドウ表示より全画面表示のほうが画面が広いので、より効率的に作業ができます。

1 リモートデスクトップの画面を全画面表示にする

メモ スマートフォンでタップ モードに切り替える

スマートフォンでタップモードに切り替えるには、以下のように操作します。

1 画面上部をタップして、

2 🖱 をタップします。

3 タップモードに切り替わります。

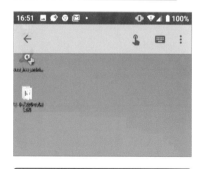

タップモードでは通常のスマートフォンの画面と同じように、指でスライドした方向に画面を動かすことができます。画面上をタップすると、クリックと同じ操作になります。

1 Sec.38を参考に会社のパソコンへリモートアクセスで接続し、

2 画面右側にある ▌ をクリックすると、

3 画面の表示に関する項目などのセクションが表示されます。

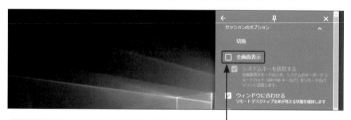

4 <全画面表示>をクリックしてチェックを付けると、

5 Google Chromeの画面がディスプレイ全体に表示されるようになり、会社のパソコンを広い画面で遠隔操作できます。

Section 40 リモートデスクトップで特殊なキーを使おう

覚えておきたいキーワード
- ☑ ショートカットキー
- ☑ オプションパネル
- ☑ キーマッピング

会社のパソコンへの操作で Ctrl ＋ Alt ＋ Delete などの特殊なキーを押す場合、オプションパネルから操作できます。自宅のパソコンが反応してしまう場合は、キーマッピングから割り当てを変更できます。

1 リモートでコマンドショートカットキーを押す

1 画面右側にある■をクリックして、

2 <Ctrl+Alt+Delキーを押す>をクリックすると、

3 会社のパソコンが、指定のキーが押された状態になります。

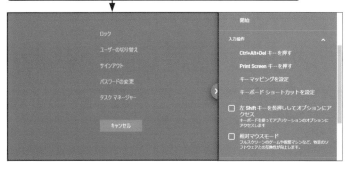

 メモ スマートフォンから特殊なキーを使う

スマートフォンから特殊なキーを使うには、以下のように操作します。

1 画面上部をタップして、

2 ⋮をタップします。

3 <Ctrl-Alt-Delを送信>をタップすると、会社のパソコンが、指定のキーが押された状態になります。

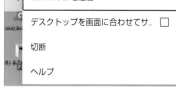

メモ キーマッピングの設定

手順**3**のオプションパネルには、画面のスクリーンショット撮影ができる Print Screen キー、全画面表示ができる F11 キーなどの項目があります。また、「キーマッピングを設定」では、キー操作で自宅のパソコンが反応してしまうキーの代替を設定できます。

101

リモートデスクトップでファイルをアップロードしよう

Chrome リモート デスクトップはファイルの転送が可能です。自宅のパソコンから、会社のパソコンにファイルをアップロードすることができます。アップロードの操作はオプションパネルから行います。

1 ファイルをアップロードする

メモ　スマートフォンからのアップロード

スマートフォンアプリ版の Chrome リモート デスクトップでは、会社のパソコンにファイルをアップロードすることはできません。

1 Sec.38を参考にリモートアクセスで接続し、

2 画面右側にある■をクリックして、

3 <ファイルをアップロード>をクリックします。

4 「開く」画面が表示されたら、アップロードしたいファイルをクリックし、

5 <開く>をクリックします。

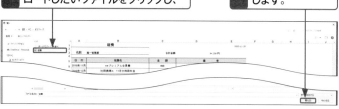

メモ　アップロードの時間

ファイルをアップロードする際、あまりにも容量が大きすぎると、環境によってはアップロード完了までに時間がかかることがあります。

6 ファイルが会社のパソコンにアップロードされ、デスクトップにメッセージが表示されます。

アップロードが完了しました。リモート デバイスのデスクトップでファイルを探してください。

Section 42 リモートデスクトップでファイルをダウンロードしよう

覚えておきたいキーワード
- ☑ ダウンロード
- ☑ オプションパネル
- ☑ ファイル転送

Chrome リモート デスクトップでは、ファイルのアップロードだけでなく、会社のパソコン内のファイルを自宅のパソコンにダウンロードをすることもできます。

1 ファイルをダウンロードする

1 P.102手順**3**の画面で<ファイルをダウンロード>をクリックします。

2 「ファイルをダウンロード」画面が表示されたら、ダウンロードしたいファイルをクリックし、

3 <開く>をクリックします。

4 ファイルが自宅のパソコンにダウンロードされ、「ダウンロード」フォルダに保存されます。

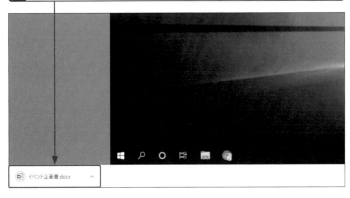

メモ 回線速度

リモートデスクトップでは、通常の作業よりもデータ通信量が多くなるため、ややダウンロードやアップロードに時間がかかる傾向があります。

メモ 「ダウンロード」フォルダを開く

画面左下の ■ →<エクスプローラー>の順にクリックします。エクスプローラーが起動したら、左ペインの<ダウンロード>をクリックすると、ダウンロードフォルダを表示できます。

リモートデスクトップを
終了しよう

リモートアクセスを終了するには、オプションパネルを表示して、切断を行います。また、リモートアクセス中の画面に表示されるバーからも、切断をすることが可能です。

1 Chrome リモート デスクトップを終了する

メモ 共有を停止

リモート中に画面に表示されるバーの＜共有を停止＞をクリックすることでも、リモートアクセスを終了できます。

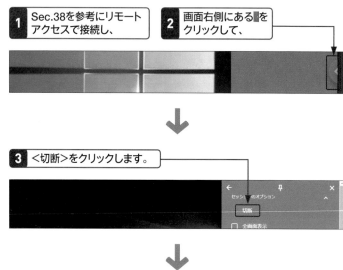

1 Sec.38を参考にリモートアクセスで接続し、

2 画面右側にある▌をクリックして、

3 ＜切断＞をクリックします。

4 ▋をクリックし、

リモートのデバイス

DESKTOP-7QN91VJ
オンライン

ヒント 会社のパソコンは
終了しない

リモートデスクトップでの作業の終了時に会社のパソコンを終了してしまうと、パソコンを直接起動しなければ、リモートデスクトップに接続できなくなってしまいます。その場合は出社してパソコンを起動するか、出社している人にパソコンを起動して操作してもらうしかありません。

Chrome リモート デスクトップ

「DESKTOP-7QN91VJ」へのリモート接続を
無効にしますか？

キャンセル　OK

5 ＜OK＞をクリックします。誤って会社のパソコンを終了しないように注意しましょう。

Chapter 05

第5章

スケジュール管理サービス 「Googleカレンダー」を使いこなそう

スケジュール管理サービスでできること

スケジュール管理サービスでは、予定やタスク（やるべき仕事）の管理ができます。多くのスケジュール管理サービスには、ほかのユーザーと予定を共有する機能があります。組織全体でビジネスの生産性を向上させるのはもちろんのこと、スケジュール管理に要するコストを削減します。

1 ほかのユーザーと予定の共有ができる

🔍 キーワード **スケジュール管理サービス**

予定やタスクを手軽に入力・編集して、かんたんに確認できるインターネット上のサービスです。

多くのスケジュール管理サービスは、予定を共有する機能を備えています。その機能を利用すれば、自分以外の関係者とも予定やタスクについての情報を共有することができます。

複数のメンバーと予定やタスクを共有できる

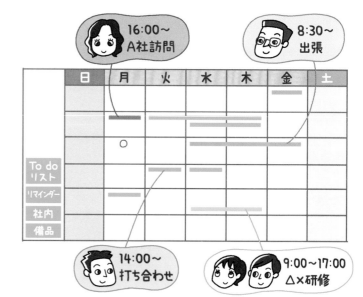

📝 メモ **代表的なスケジュール管理サービス**

いろいろあるスケジュール管理サービスの共通点は、スケジュールの作成を効率化し、容易に予定やタスクを可視化・共有化できることです。一方、料金体系やセキュリティ性、サポート体制などはサービスごとに異なるので、導入の際はそれらも含めて検討しましょう。

Time Tree

https://timetreeapp.com/

サイボウズ Office

https://products.cybozu.co.jp/office/

部署やプロジェクトのチームメンバーなどと、事前に情報を共有します。そうすることで、誰が、いつ、何をするのか、スケジュール管理サービスを通して、大まかな内容をお互いに把握することが可能です。また、日程調整についてメールや口頭で伝える必要もないうえ、たとえ大人数のチームであっても、スケジュール管理サービスを活用すれば短時間で情報を共有できるのです。

組織内でのスケジュール調整の手間を省き、その分、ほかの業務にあてる時間を確保することができます。

Section 45 Googleカレンダーの特徴

数あるスケジュール管理サービスの中でも、代表的なのが「Google カレンダー」です。スケジュール管理をはじめ、メンバーと予定を共有したり、ほかのGoogle サービスと連携したりできます。

1 Google カレンダーの機能

スケジュールの管理

Google カレンダーに予定を追加できます。予定の変更や削除、また開始日や終了日、時間などの詳細についても設定可能です。リマインダー機能を使うと、追加した予定を忘れないように、設定した日時が近付くと、通知をしてくれます。タスクでは、予定を To Do リストとして管理することもできます。

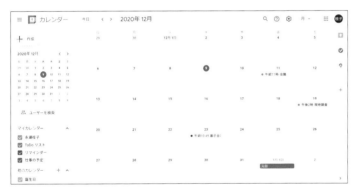

キーワード Google カレンダー

Google カレンダーとは、Google が提供するスケジュール管理サービスです。Google アカウントさえあれば、誰でも無料で利用でき、パソコンやスマートフォンとも同期することが可能です。

予定の共有

Google カレンダーでは、ほかの人と予定を共有することができます。社内全体だけでなく、部署やプロジェクトチーム単位でも予定を管理することができます。

ゲストの招待

Google カレンダーへ追加した予定に、ほかの人を「ゲスト」として招待できます。メールアドレスでゲストを招待し、出欠確認を行うことも可能です。

ほかの Google サービスとの連携

Google カレンダーは、Google マップや Gmail など、ほかの Google サービスと連携することで、より便利な機能を利用できます。

ヒント Google アカウントでのログインが必要

Google カレンダーをはじめ、Google のサービスを利用するときには Google アカウントにログインする必要があります。本章では、あらかじめ Google アカウントを取得して、ログイン済みの状態での操作を解説しています。Google アカウントを取得する方法については、Sec.68を参照してください。

Section 46 Googleカレンダーに 予定を登録しよう

覚えておきたいキーワード
☑ 予定を登録
☑ 場所を登録
☑ 予定を色分けする

Googleカレンダーに予定を登録してみましょう。さまざまな登録方法があるので、使いやすい任意の登録方法でスケジュールを管理できます。また、予定に関係がある場所の設定をしたり、予定の内容に応じて色分けしたりすることも可能です。

1 予定を登録する

ヒント 月単位のカレンダーを表示する

手順**4**の画面で、<週>→<月>の順にクリックして、月単位のカレンダーを表示します。

1 <週>をクリックして、

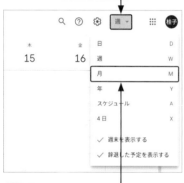

2 <月>をクリックします。

3 月単位のカレンダーが表示されます。

1 ブラウザでGoogleのトップページ（https://www.google.com/）にアクセスし、Googleアカウントでログインします。

2 Googleのトップページで ⊞ をクリックし、

3 <カレンダー>をクリックします。

4 週単位のカレンダーが表示されるので、予定を登録する日時をクリックし、

5 予定のタイトルを入力したら、

ランチミーティング

予定　リマインダー　タスク

≡　説明または添付ファイルを追加

📅　永瀬桂子 ●
　　予定あり・デフォルトの公開設定・30分前に通知

その他のオプション　　

6 <保存>をクリックします。

第5章 スケジュール管理サービス「Googleカレンダー」を使いこなそう

2 複数日にまたがる予定を登録する

1 「月」表示のカレンダーの上をドラッグし、予定を登録する期間（ここでは12月18日〜12月20日）を選択します。

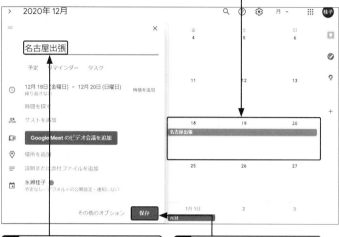

2 設定画面が表示されるので、予定のタイトルを入力して、

3 ＜保存＞をクリックします。

4 詳細な時間を指定するには、登録した予定をクリックして、

5 ✎をクリックします。

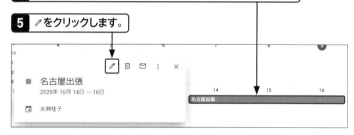

6 ＜終日＞をクリックしてチェックを外し、

7 予定の開始時間と終了時間をプルダウンメニューから選択し、

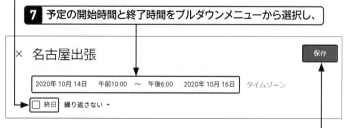

8 ＜保存＞をクリックします。

メモ スマートフォンから予定を登録する

スマートフォンから予定を登録するときは、あらかじめGoogleカレンダーアプリをインストールしておきましょう。Googleカレンダーアプリを起動し、画面右下の＋→＜予定＞の順にタップすると、予定の入力項目が表示されます。項目を入力して、＜保存＞をタップすると、予定を登録できます。

1 画面右下の ＋ をタップします。

2 ＜予定＞をタップします。

3 予定の詳細をタップして設定し、

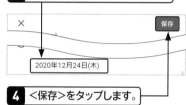

4 ＜保存＞をタップします。

メモ そのほかの詳細な設定

時間のほかにも、予定についての詳細を設定することができます。手順**5**の画面で、✎をクリックすると、画面下部に「予定の詳細」タブが表示されるので、任意の項目を設定できます。

「予定の詳細」タブが表示されます。「場所」「通知」「予定の有無」「説明」などを設定できます。

メモ くり返しの種類

定期的な予定は、くり返しの設定をしておくと便利です。くり返しの種類には「毎日」「毎週第○曜日」「毎年」「毎週平日（月～金）」があります。また、「カスタム」では、より細かい設定ができます。

 メモ スマートフォンから
定期的な予定を登録する

登録した予定→ ✎ の順にタップします。＜繰り返さない＞をタップすると、くり返し内容の項目が表示されるので、任意の項目をタップし、＜保存＞をタップします。

 メモ カスタムの
くり返し設定

手順 **4** で＜カスタム＞を選択すると、より詳細な設定ができます。「繰り返す間隔」や「曜日」について、「終了日」の設定や、「繰り返し」の回数など任意の内容を入力することができます。

1 登録した予定をクリックし、

2 ✎ をクリックします。

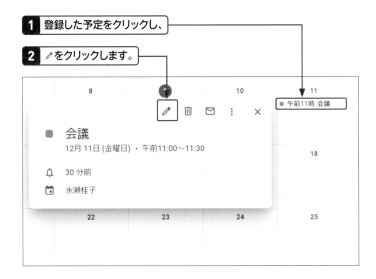

3 ＜繰り返さない＞をクリックします。

4 表示された項目から、くり返しの種類を選択し（左上のメモ参照）、

5 ＜保存＞をクリックします。

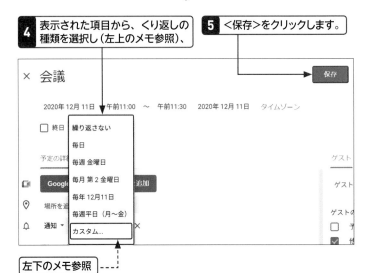

左下のメモ参照

4 予定に関係する場所を登録する

1 登録した予定をクリックし、

2 ✐をクリックします。

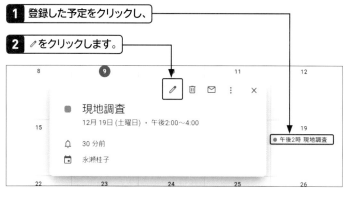

↓

3 「場所」に住所や地名、施設名などを入力し、

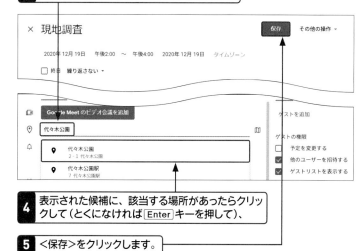

4 表示された候補に、該当する場所があったらクリックして（とくになければ Enter キーを押して）、

5 <保存>をクリックします。

↓

6 予定をクリックすると、場所が表示されます。

現地調査
12月19日 (土曜日) ・ 午後2:00〜4:00

📍 代々木公園
日本、〒151-0052 東京都渋谷区代々木神園町 2 - 1

🔔 30 分前

📅 永瀬桂子

 メモ 地図を表示する

手順**6**の画面で、登録した場所をクリックすると、画面右側にGoogleマップでその周辺の地図が表示されます。

メモ スマートフォンから
場所を登録する

スマートフォンから場所を登録するときは、予定の項目を入力する画面で<場所を追加>をタップします。場所の名前を入力すると、候補が表示されるので、任意の場所をタップして選択し、<保存>をタップします。

<場所を追加>をタップします。

📹 ビデオ会議を追加

📍 場所を追加

メモ 右クリックで
色を変更する

カレンダーに登録した予定を右クリックし、色を選択することでも、色の変更ができます。

1 登録した予定をクリックし、

2 ✎をクリックします。

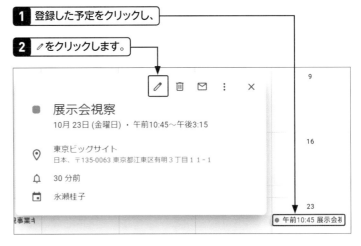

メモ スマートフォンから
予定を色分けする

1 登録した予定→✎の順にタップします。

2 設定されている色（ここでは＜既定の色＞）をタップします。

3 任意の色（ここでは＜トマト＞）をタップして選択し、＜保存＞をタップすると色を設定できます。

3 「予定の色」をクリックし、

4 設定したい色をクリックして、

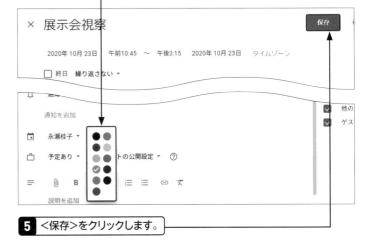

5 ＜保存＞をクリックします。

Section 47 Googleカレンダーの予定を変更／削除しよう

覚えておきたいキーワード
☑ 予定の変更
☑ 予定の削除
☑ 予定の管理

一度登録した予定は、あとから予定名や日時、場所などの詳細情報を変更することが可能です。予定がなくなった場合は、削除することもできます。また、予定を削除しても、操作の直後であればもとに戻すことができます。

1 予定を変更／削除する

予定を変更する

1 変更したい予定をクリックし、 **2** ✎をクリックします。

3 予定名や日時、場所などを変更し、

4 ＜保存＞をクリックします。

予定を削除する

1 「予定を変更する」の手順**1**の画面で、🗑をクリックすると削除できます。

📝 **メモ** スマートフォンから予定を変更／削除する

登録した予定をタップし、✎をタップすると予定の内容を編集できます。また、⋮→＜削除＞の順にタップすると、予定を削除できます。

タップします。

📝 **メモ** 削除を取り消す

予定を削除したあと、画面下部に「予定を削除しました」の通知が表示されます。このときに、＜元に戻す＞をクリックすると、予定の削除を取り消すことができます。

Googleカレンダーを共有しよう

Googleカレンダーでは、カレンダーを自分以外のユーザーと共有することができます。グループでカレンダーを共有することで、同じ予定を複数のメンバーが閲覧／編集できるようになります。

1 カレンダーを共有する

 **ヒント** カレンダーを追加する

画面左側「他のカレンダー」の右側にある＋をクリックすると、新しいカレンダーを作成することができます。

1 ＋をクリックします。

2 <新しいカレンダーを作成>をクリックし、

3 「名前」「説明」などを入力し、

4 <カレンダーを作成>をクリックします。

1 画面左側にある「マイカレンダー」の中から、共有したいカレンダーにマウスポインターを合わせ、表示される ⋮ をクリックします。

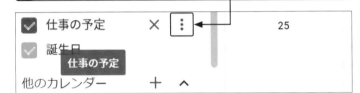

2 <設定と共有>をクリックします。

3 <特定のユーザーとの共有>をクリックし、

4 <ユーザーを追加>をクリックします。

5 予定を共有するユーザーのメールアドレスを入力し、

6 <権限>をクリックして、

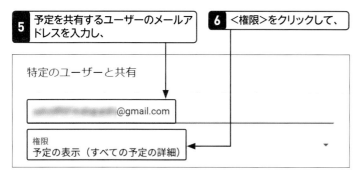

特定のユーザーと共有

　　　　　　　　　　@gmail.com

権限
予定の表示（すべての予定の詳細）　　　　　　▼

7 予定を共有するユーザーに与える権限（ここでは<予定の表示（すべての予定の詳細）>）を選択したら（中段のメモ参照）、

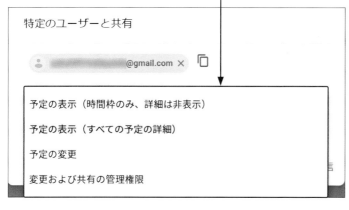

特定のユーザーと共有

👤　　　　　@gmail.com ✕ 🗐

予定の表示（時間枠のみ、詳細は非表示）

予定の表示（すべての予定の詳細）

予定の変更

変更および共有の管理権限

8 <送信>をクリックします。

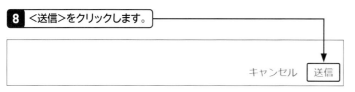

キャンセル　送信

9 予定を共有するユーザーにメールが送信され、相手が受け入れるとカレンダーが共有されます。

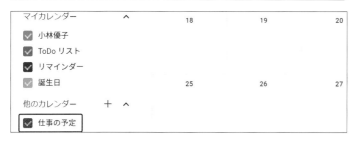

マイカレンダー　∧　　　18　　　19　　　20
☑ 小林優子
☑ ToDo リスト
☑ リマインダー
☑ 誕生日　　　　　　　　25　　　26　　　27

他のカレンダー　＋　∧
☑ 仕事の予定

メモ　共有された予定を
利用する

共有されたカレンダーの予定を、自分のカレンダーにも書き込んでおきたい場合は、その予定をクリックし、⋮をクリックします。<「○○」にコピー>をクリックすると、自分のカレンダーに追加することができます。

1 ⋮をクリックし、

✉ ⋮ ✕

■ 企画会議
10月18日（日曜日）

📅 仕事の予定
作成者：　　　　　　　@gmail.com

2 <「○○」にコピー>をクリックします。

印刷

複製

「小林優子」にコピー

メモ　予定を共有するユーザーに与える権限

カレンダーをほかのユーザーと共有するとき、そのユーザーに許可する予定の表示範囲と予定の追加や編集などの変更をする権限を指定することができます。

メモ　スマートフォンから
カレンダーを共有する

Googleカレンダーはスマホのアプリからは共有できないため、パソコンから操作する必要があります。

Googleカレンダーの予定に ゲストを招待しよう

覚えておきたいキーワード
- ☑ カレンダーの共有
- ☑ 招待メール
- ☑ ゲスト

ほかのユーザーに招待メールを通知して、予定に参加するか否かを確認することができます。招待の返事はカレンダーから確認できるので、会議やミーティングを開催するときなどに便利な機能です。

1 予定にゲストを招待する

 ヒント 複数のゲストを招待する

手順**3**～**4**をくり返すと、複数のゲストを招待することができます。

 メモ スマートフォンからゲストを招待する

登録した予定の編集画面からゲストを招待することが可能です。

1 予定をタップし、🖊→<ユーザーを追加>の順にタップします。

2 招待するユーザーのメールアドレスを入力し、表示されたユーザーをタップします。

3 <完了>→<保存>の順にタップします。

1 ゲストを招待したい予定をクリックし、

2 🖊をクリックします。

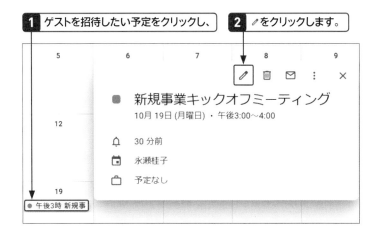

3 「ゲストを追加」の入力ボックスに、招待するゲストのメールアドレスを入力し、

4 Enter キーを押して確定し、

5 <保存>をクリックします。

第5章 スケジュール管理サービス「Googleカレンダー」を使いこなそう

6 「Googleカレンダーのゲストに招待メールを送信しますか?」画面が表示されるので、<送信>をクリックします。

Google カレンダーのゲストに招待メールを送信しますか?

? 　　　　　　　　　編集に戻る　　送信しない　　送信

メモ ゲスト側の返事が反映される

ゲスト側が招待メールの返事をすると、招待を送信した側のカレンダーにゲスト側の返事が反映されます。

招待メールで予定を追加する

1 ゲスト側は招待メールを受け取ったら、<はい><未定><いいえ>のいずれかをクリックします。

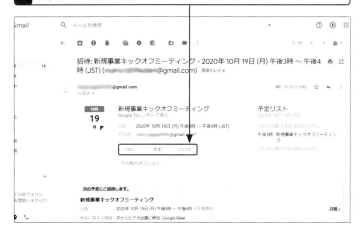

2 手順**1**で<はい>をクリックすると、ゲスト側のカレンダーにも予定が追加されます。

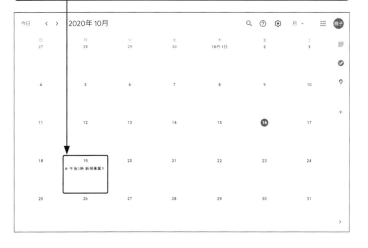

メモ スマートフォンから招待メールで予定を追加する

1 届いた招待メールをタップします。

2 <はい>をタップすると、予定が追加されます。

3 招待された予定をタップすると、Googleカレンダーアプリに切り替わり、追加した予定を確認できます。

第 **5** 章 スケジュール管理サービス「Googleカレンダー」を使いこなそう

Googleカレンダーの
週の開始日を設定しよう

覚えておきたいキーワード
☑ 週の開始日
☑ 開始日の設定
☑ ビューの設定

Googleカレンダーの初期設定では、週の開始日は日曜日になっています。この設定は変更可能で、月曜日や土曜日に変更することができます。使いやすい形式に変更してみましょう。

1 週の開始日を設定する

メモ スマートフォンから
開始日を設定する

スマートフォンでは、「設定」から曜日の開始日を変更することができます。

1 ≡→<設定>の順にタップします。

2 <全般>→<週の開始日>の順にタップします。

3 任意の曜日をタップすると、設定完了です。

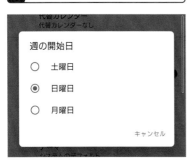

1 ⚙→<設定>の順にクリックします。

2 <ビューの設定>をクリックし、

3 「週の始まり(ここでは<日曜日>)」をクリックします。

4 曜日の一覧が表示されます。ここでは<月曜日>をクリックします。

5 週の開始日が月曜日になりました。

Chapter 06

第6章

クラウドストレージサービス を使いこなそう

Section 51 クラウドストレージサービスでできること

覚えておきたいキーワード
- ☑ ファイルの管理
- ☑ フォルダの共有
- ☑ バックアップ

クラウドストレージサービスは、インターネットを介してファイルのやり取りができるストレージサービスです。インターネットを利用できればどこからでもアクセスが可能で、ほかのユーザーとファイルを共有できます。

1 どこからでもファイルにアクセスできる

メモ　クラウドストレージサービスの種類

クラウドストレージサービスにはさまざまな種類がありますが、この章では、Googleドライブ、Dropbox、OneDriveの3つを紹介します。

クラウドストレージサービスは、インターネット上でデータを保管したり共有したりできるサービスで、個人だけでなく、企業でも導入が進んでいます。クラウドストレージサービスの多くは複数のプランが用意されており、ニーズに合わせて最適なプランを選択できます。テレワークなどで働き方が多様化した現在では、クラウドストレージサービスの利用は不可欠といってもよいでしょう。

クラウドストレージサービスの多くは無料のプランも用意されているため、初期費用を抑えての運用も可能です。通常のパソコンではディスク容量に制限がありますが、クラウドストレージサービスを利用すれば、データ容量を気にせずやり取りすることが可能です。無料プランでもある程度の容量が使えますが、料金に応じて段階的に容量を増やせる有料プランが用意されており、必要性に合わせて選択できます。

クラウドストレージサービスは、パソコンだけでなく、スマートフォンやタブレットからでもアクセスできます。そのため、インターネットに接続できる環境であれば、場所や時間を問わず、必要なデータにすばやくアクセスすることができます。

メモ　クラウドストレージサービスと回線の関係

クラウドストレージサービスは「オンライン環境での使用」を前提としているため、場所を選ばずにアクセスできます。ただし、スマートフォンやタブレットなどから容量の大きいファイルを共有したり、アクセスしたりする際には注意が必要です。モバイル環境によっては、データ通信量が多く発生してしまう場合もあり、アップロードやダウンロードに時間がかかることもあります。

2 ほかのユーザーとフォルダを共有できる

クラウドストレージサービスでは、フォルダを作成してほかのユーザーと共有することができます。共有したフォルダ内に保存されているファイルは互いに閲覧や編集が可能なので、チームで作業しているときなど、共有フォルダを作成しておくと効率よく作業を進められます。

また、同期機能によって、どこからアクセスしても常に最新のファイルを確認できます。ファイルの作業履歴も確認できるので、誰がどのような作業を行ったのかをひと目で把握できます。誤ってデータの上書きや削除をしてしまった場合でも、復元の機能があるので安心です。

メモ 復元機能

クラウドストレージサービスはデータの復元機能を備えたものが多く、大切なファイルを間違えて削除した場合でも、操作の直後なら復元できる可能性があります。

3 自動バックアップ機能で万一のときでも安心

クラウドストレージサービスによっては、自動でバックアップを取る機能を備えています。手動でバックアップする必要がなく、うっかり忘れるなどのヒューマンエラーも防止できます。また、ファイルはインターネット上に保存されているため、災害などで万一パソコンが故障しても、ファイルが失われる恐れはほとんどありません。

ヒント 通常バックアップでリスク管理

クラウドストレージサービスを利用する際は、セキュリティに注意が必要です。アカウント情報が第三者に漏洩すると、重要なファイルや機密情報などが流出して、会社に大損害を与える可能性があります。また、サービス自体に対する攻撃でクラウドストレージを利用できなくなる可能性もあるので、通常のバックアップを取っておくと安心です。

代表的なクラウドストレージサービス

覚えておきたいキーワード
- ☑ Google ドライブ
- ☑ Dropbox
- ☑ OneDrive

クラウドストレージサービスにはさまざまな種類があります。サービスによってファイルを保存できる容量や使用できる機能、料金が異なるので、用途や予算に合わせて選択しましょう。ここでは代表的な3つのクラウドストレージサービスを紹介します。

1 Google ドライブの特徴

メモ Google ドライブアプリ

Googleドライブは Office系のアプリだけでなく、さまざまなアプリと連携しています。対応するアプリは Chromeウェブストアで確認できます。

Google ドライブは、Google が提供するクラウドストレージサービスです。文書だけでなく、写真や動画、PDFなど、さまざまな種類のファイルを保存・管理することができます。Office アプリとの互換性が高く、Google ドキュメントや Google スプレッドシート、Google スライドなど、ファイル作成のためのアプリが豊富に備わっています。これらの機能を無料で利用できる点も、Google ドライブならではの魅力です。

Google ドライブの最大の特徴は、Google アカウントを持っていれば、無料で15GBの保存容量を利用できる点です。15GB以上の容量が必要な場合は、月額(年額)プラン「Google One」にアップグレードすることで、より多くの保存容量を確保できます。

また、最大50人での共同編集が可能であることも特徴の1つです。データを編集すると履歴として残るほか、ファイルはリアルタイムで作成できるので、誰が編集を行っているのかをひと目で把握できます。共同作業中にほかのユーザーに伝えたいことがある場合は、コメント機能を利用すると便利です。

さらに、Google のデータセンターは非常に強固なセキュリティ対策が施されています。社内の重要なデータを扱う際でも、安心して利用することができます。

メモ Googleドライブの検索機能

Googleドライブには高度な検索機能が搭載されています。人工知能を利用して目的のコンテンツを予測し、関連性の高いコンテンツが検索候補に表示されるため、必要なコンテンツにすばやくアクセスすることができます。

主な料金プラン

容量	価格
15GB	無料
100GB	250円／月 (2,500円／年)
200GB	380円／月 (3,800円／年)
2TB	1,300円 (13,000円／年)

2 Dropbox の特徴

Dropbox は、世界的なシェアを誇るクラウドストレージサービスです。個人向けとビジネス向けのプランが用意されており、用途に合わせた使い分けができます。無料で利用できる容量は 2GB までですが、友だちを招待することで最大 16GB まで増やすことが可能です。また、すべてのファイルの更新内容が 30 日間保存される仕様のため、更新前の状態に戻したり、削除したファイルを復元したりできます。Dropbox に保存した Office ファイルはブラウザ上で編集できるため便利です。

 メモ ほかサービスとの連携

Dropbox では、Slack や Zoom などの各サービスと連携することができます。アプリを切り替えることなく、Dropbox から Slack や Zoom を利用することができます。

主な料金プラン

	容量	価格
Dropbox Plus	2TB	年間払い：1,200円／月 月間払い：1,500円／月
Dropbox Professional	3TB	年間払い：2,000円／月 月間払い：2,400円／月
Dropbox Standard※ （小規模向け）	5TB	1ユーザーあたり 年間払い：1,250円／月 月間払い：1,500円／月
Dropbox Advanced※ （大規模向け）	必要に応じる	1ユーザーあたり 年間払い：2,000円／月 月間払い：2,400円／月

※3人以上から利用可

3 OneDrive の特徴

OneDrive は、Microsoft が提供するクラウドストレージサービスで、Windows 8.1 以降には標準で搭載されています。インストールの手間がかからず、Microsoft アカウントがあれば事前の登録も不要で、かんたんに利用を開始できます。Office アプリと結合されているのが大きな特徴で、ファイルの保存・管理が容易です。無料で利用できる容量は 5GB ですが、企業向けに強化した OneDrive for Business も用意されているほか、Microsoft 365 Personal のユーザーは 1TB の容量を利用できる特典もあります。

メモ 個人用 Vault

OneDrive では、「個人用 Vault」と呼ばれるセキュリティの高い特別なフォルダが提供されています。アクセス時に 2 段階認証が必要だったり、操作がない状態が一定時間続くと自動的にロックされたりするなど、万全なセキュリティ対策が施されているため、機密性の高いデータも安全に保管することができます。

主な料金プラン

	容量	価格
OneDrive Basic	5GB	無料
OneDrive Standalone	100GB	224円／月
Microsoft 365 Personal	1TB	12,984円／年 ※Microsoft 365 の利用を含む

Googleドライブに ファイルを保存しよう

覚えておきたいキーワード
- ☑ ファイルのアップロード
- ☑ ファイルのダウンロード
- ☑ フォルダの作成

Googleドライブにファイルをアップロードしておけば、会社で保存したファイルを自宅のパソコンで開いたり、ダウンロードしたりできます。ファイルの保存は基本操作なので、しっかり押さえておきましょう。

1 ファイルをアップロードする

ヒント　ドラッグ&ドロップでファイルをアップロードする

手順**4**の画面で、ファイルを直接ドラッグ&ドロップすることでも、Googleドライブにファイルをアップロードできます。

メモ　スマートフォンからファイルをアップロードする

スマートフォンからGoogleドライブにファイルをアップロードするには、以下のように操作します。

1 + をタップし、

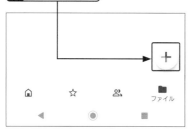

2 <アップロード>をタップします。

3 表示された画面で、アップロードするファイルをタップします。

1 WebブラウザでGoogleのトップページ（https://www.google.com）にアクセスし、Googleアカウントでログインしておきます。

2 ⊞をクリックし、

3 <ドライブ>をクリックします。

4 「マイドライブ」が表示されるので、<新規>→<ファイルのアップロード>の順にクリックします。

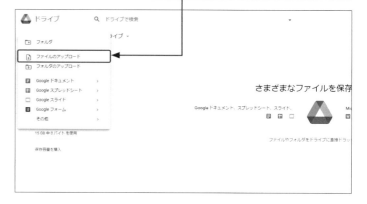

5 アップロードしたいファイルをクリックして選択し、

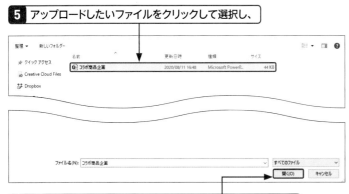

6 <開く>をクリックすると、ファイルがアップロードされます。

2 ファイルをダウンロードする

1 P.124手順**4**の画面で、Googleドライブからダウンロードしたいファイルをクリックして選択し、

2 ⋮ をクリックして、

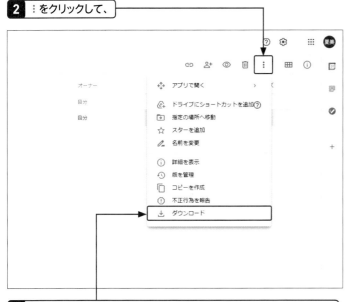

3 <ダウンロード>をクリックすると、ファイルがダウンロードされます。

 ヒント 右クリックして
ダウンロードする

手順**1**の画面でファイルを右クリックし、表示されたメニューの<ダウンロード>をクリックすることでもダウンロードできます。

 メモ スマートフォンからファイルをダウンロードする

スマートフォンからGoogleドライブのファイルをダウンロードするには、以下のように操作します。

1 ダウンロードしたいファイルの⋮をタップし、

2 <ダウンロード>をタップします。

3 「通知」画面を表示して、ダウンロードしたファイルの通知をタップして確認します。

ヒント 右クリックでフォルダを作成する

手順**1**の画面で、何もない箇所を右クリックし、表示されたメニューの<新しいフォルダ>をクリックすることでもフォルダを作成できます。

1 P.125手順**1**の画面で<新規>をクリックし、

2 <フォルダ>をクリックします。

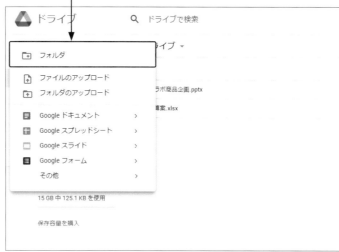

メモ スマートフォンからフォルダを作成する

スマートフォンからGoogleドライブにフォルダを作成するには、以下のように操作します。

1 ＋ →<フォルダ>の順にタップし、

2 フォルダ名を入力して、

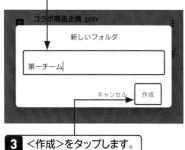

3 <作成>をタップします。

3 フォルダの名前を入力し、

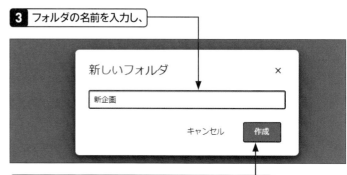

4 <作成>をクリックすると、フォルダが作成されます。

4 ファイルをアプリで開く

ここでは例として、PowerPointのファイルを「Googleスライド」で開きます。

1 P.125手順**1**の画面で、アプリで開きたいファイルをクリックして選択し、

2 ⋮ をクリックして、

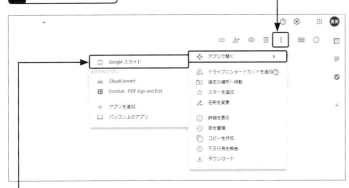

3 <アプリで開く>→<Googleスライド>の順にクリックします。

4 ファイルがアプリで開かれ、編集ができるようになります。

メモ 開けるアプリの種類

手順**3**に表示されるアプリは、ファイル形式によって異なります。PowerPointのファイルは Google スライドが、Excel のファイルは Google スプレッドシートが、Word のファイルは Google ドキュメントが表示されます。

メモ スマートフォンからファイルをアプリで開く

スマートフォンから Google ドライブのファイルをタップすると、対応するアプリでファイルが開かれて、閲覧や編集ができるようになります。

開きたいファイルをタップします。

127

Section 54 Googleドライブのフォルダを共有しよう

覚えておきたいキーワード
- フォルダの共有
- フォルダの詳細
- 作業履歴

チームなど複数人で作業しているときは、フォルダを共有しておくと便利です。フォルダを共有する操作をすると、相手には招待メールが送られます。共有するメンバーの権限を設定したり、作業履歴を確認したりできます。

1 フォルダを共有する

1 共有したいフォルダをクリックして選択し、

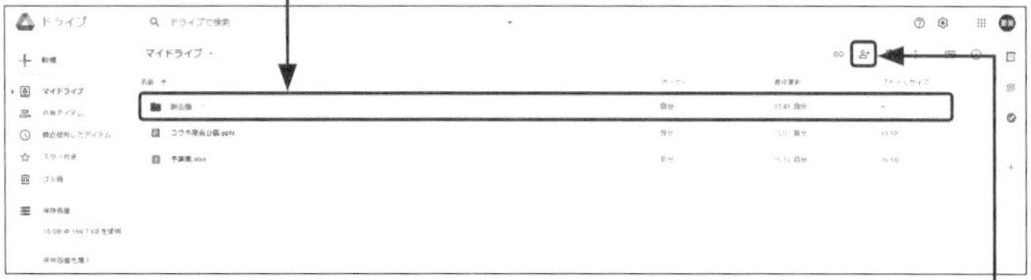

2 をクリックしたら、

3 共有する相手のメールアドレスを入力します。

4 <編集者>をクリックすると、

5 フォルダへの権限を設定できます（左中段のヒント参照）。

ヒント 右クリックで共有する

フォルダを右クリックし、表示された<共有>をクリックすることでも、フォルダを共有できます。

ヒント フォルダへの権限

手順5で<閲覧者>をクリックすると、相手はフォルダ内のファイルの閲覧しかできなくなります。<編集者>をクリックすると、閲覧と編集ができるようになります。

ヒント 招待メールが届いたら

P.129手順7で<送信>をクリックすると、相手に招待メールが届きます。メールを受け取った相手は、メール内にある<開く>をクリックするとブラウザが起動し、共有されたGoogleドライブのフォルダが表示されます。

<開く>をクリックします。

6 共有する相手へのメッセージを入力し、

7 <送信>をクリックすると、相手に招待メールが届きます。

8 共有フォルダを開き、ⓘをクリックします。

9 <詳細>をクリックするとフォルダの情報が、<履歴>をクリックすると作業履歴が確認できます。

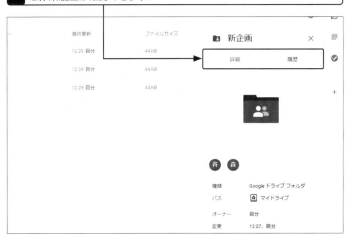

メモ スマートフォンから
フォルダを共有する

スマートフォンからGoogleドライブのフォルダ
を共有するには、以下のように操作します。

1 共有したいフォルダの⋮をタップし、

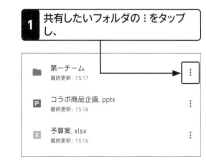

2 <共有>をタップします。

3 メールアドレスと相手へのメッセージを入力し、

4 ▷をタップすると、相手に招待メールが届きます。

Section
55

Dropboxにファイルを保存しよう

覚えておきたいキーワード
☑ ファイルのアップロード
☑ ファイルのダウンロード
☑ フォルダの作成

Dropboxにファイルを保存してみましょう。Dropboxにファイルを保存しておけば、スマートフォンからでもすばやく必要なファイルにアクセスできます。Dropbox上のファイルをアプリで開けば、閲覧や編集が可能です。

1 ファイルをアップロードする

メモ　スマートフォンからファイルをアップロードする

スマートフォンからDropboxにファイルをアップロードするには、以下のように操作します。

1 ➕をタップし、

2 <ファイルを作成／アップロード>をタップしたら、

- 🖼 写真や動画のアップロード
- ➕ ファイルを作成/アップロード
- 📁 フォルダの新規作成

3 <ファイルのアップロード>をタップします。

- 📊 Microsoft Powerpoint
- 📄 テキストファイル
- ⬆ ファイルのアップロード

4 表示された画面で、アップロードするファイルをタップします。

1 WebブラウザでDropboxのトップページ（https://www.dropbox.com）にアクセスし、ログインします。

2 <ファイルをアップロード>をクリックして、

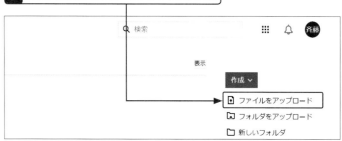

3 アップロードしたいファイルをクリックして選択し、

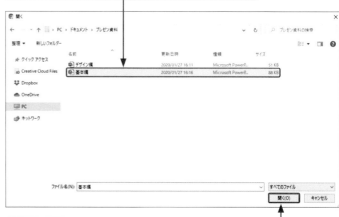

4 <開く>をクリックします。

5 アップロード先が決まっている場合はフォルダを選択し、

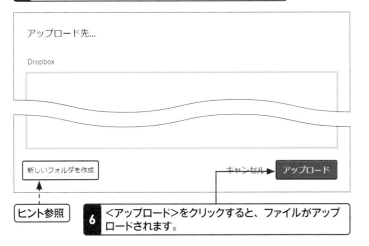

ヒント参照

6 ＜アップロード＞をクリックすると、ファイルがアップロードされます。

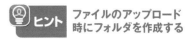
ヒント ファイルのアップロード時にフォルダを作成する

手順**5**の画面で＜新しいフォルダを作成＞をクリックするとフォルダを作成でき、アップロード先として選択することができます。

2 ファイルをダウンロードする

1 P.130手順**2**の画面の左にある＜すべてのファイル＞をクリックし、

2 ダウンロードしたいファイルの … をクリックして、

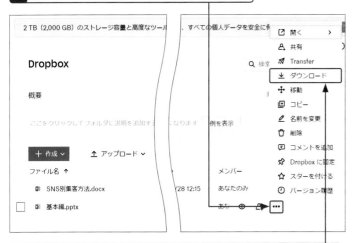

3 ＜ダウンロード＞をクリックすると、ファイルがダウンロードされます。

メモ スマートフォンからファイルをダウンロードする

スマートフォンからGoogleドライブのファイルをダウンロードするには、以下のように操作します。

1 ダウンロードしたいファイルの : をタップし、

2 ＜エクスポート＞をタップして、保存先を指定します。

3 「このファイルをエクスポート」画面が表示されるので、ファイルの保存先やファイルを開くアプリをタップして選択します。

ヒント アクセスできるユーザーを設定する

手順**3**の画面で<特定のユーザー>をクリックすると、フォルダを共有するユーザーを選択できます。

1 P.131手順**2**の画面で、<作成>の横にある∨をクリックします。

2 <フォルダ>をクリックします。

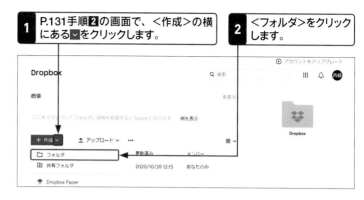

3 フォルダ名を入力し、

4 <作成>をクリックすると、

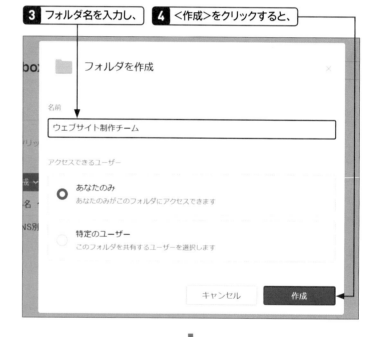

メモ スマートフォンからフォルダを作成する

スマートフォンからDropboxにフォルダを作成するには、以下のように操作します。

1 ●→<フォルダの新規作成>の順にタップし、

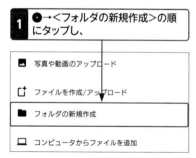

- 📷 写真や動画のアップロード
- 🗂 ファイルを作成/アップロード
- 📁 フォルダの新規作成
- 🖥 コンピュータからファイルを追加

2 フォルダ名を入力して、

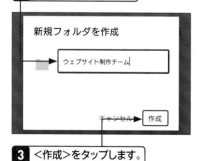

新規フォルダを作成

ウェブサイト制作チーム

キャンセル　作成

3 <作成>をタップします。

5 フォルダが作成されます。

4 ファイルをアプリで開く

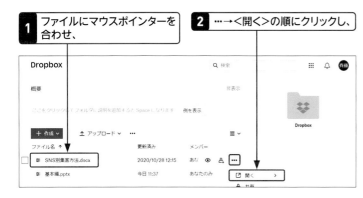

1 ファイルにマウスポインターを合わせ、

2 …→<開く>の順にクリックし、

メモ 開けるアプリの種類

ここではWordのファイルを例に解説しています。手順**3**で表示されるアプリは、ファイル形式によって異なります。

3 <Word for the web>(または<Google Docs>、<プレビュー(Dropbox)>)をクリックします。

メモ スマートフォンからファイルをアプリで開く

スマートフォンからDropboxのファイルをアプリで開くには、以下のように操作します。

1 ファイルの:をタップし、

4 ファイルがアプリで開かれ、編集ができます。

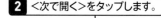
2 <次で開く>をタップします。

3 任意のアプリをタップすると(アプリはインストールが必要)、アプリでファイルが開かれます。

Section 56 Dropboxのフォルダを共有しよう

共有フォルダを作成すると、招待されたすべてのユーザーがフォルダ内のファイルを閲覧・編集できるようになります。複数人で作業しているときは、共有フォルダを作成しておくと便利です。

1 フォルダを共有する

 **ヒント** フォルダの設定

手順**3**の画面で✿をクリックすると、フォルダに関する設定が行えます。フォルダにユーザーを追加できるメンバーを選択したり、閲覧者の情報を確認したりできます。

1 共有したいフォルダにマウスポインターを合わせ、

2 …→＜共有＞の順にクリックします。

3 表示された画面の「宛先」に共有する相手のメールアドレスを入力し、

4 ＜連絡先をインポート＞をクリックします。

```
                                @gmail.com

  (•)   連絡先をインポート
```

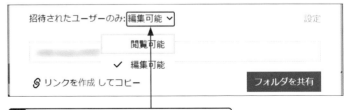

5 ＜編集可能＞をクリックして、フォルダへの権限を設定します。

 メモ 共有を解除する

フォルダの共有を解除したいときは、手順**3**の画面で✿をクリックし、＜フォルダ設定＞→＜共有を解除＞→＜共有を解除＞の順にクリックします。

6 相手へのメッセージを入力し、

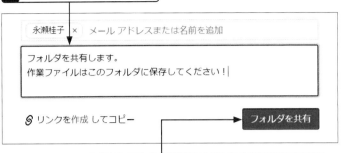

7 <フォルダを共有>をクリックすると、相手に招待メールが届きます。

8 共有フォルダの「メンバー」に、共有しているメンバーの人数が表示されます。

9 フォルダを開くと、右側に共有しているメンバーの名前が表示されます。

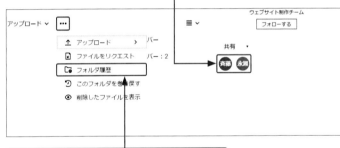

10 …→<フォルダ履歴>の順にクリックすると、

11 作業履歴を確認できます。

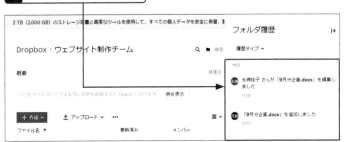

 **メモ** スマートフォンから
フォルダを共有する

スマートフォンからDropboxのフォルダを共有
するには、以下のように操作します。

1 共有したいフォルダの⋮をタップし、

2 <共有>をタップします。

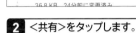

3 <メール、氏名、またはグループ>をタップし、

4 宛先とメッセージを入力します。

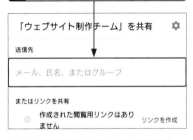

5 <共有>をタップすると、相手に招待メールが届きます。

OneDriveにファイルを 保存しよう

OneDrive は Microsoft アカウントとの結びつきが強いクラウドストレージサービスです。Windows に Microsoft アカウントでログインすれば、すぐに利用できます。ファイルのアップロード、フォルダの作成、ほかのユーザーとの共有などがかんたんにできます。

1 ファイルをアップロードする

 メモ スマートフォンからファイルをアップロードする

スマートフォンからOneDriveにファイルをアップロードするには、以下のように操作します。

1 ➕をタップし、

2 <アップロード>をタップします。

3 表示された画面で、アップロードするファイルをタップします。

1 WindowsにMicrosoftアカウントでログインし、OneDriveのトップページ（https://onedrive.live.com）にアクセスします。

2 <自分のファイル>をクリックし、

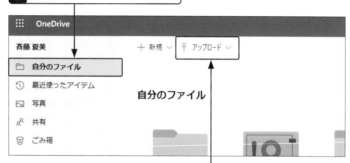

3 <アップロード>をクリックしたら、

4 <ファイル>をクリックします。

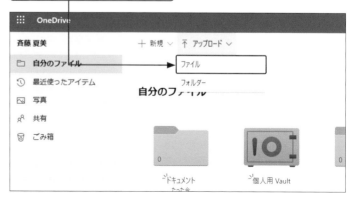

5 アップロードしたいファイルをクリックして選択し、

6 <開く>をクリックすると、ファイルがアップロードされます。

2 ファイルをダウンロードする

1 ダウンロードしたいファイルにマウスポインターを合わせ、○をクリックしてチェックを付けます。

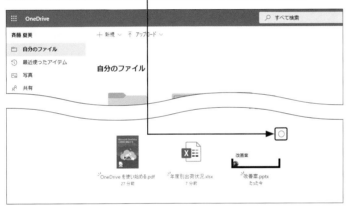

2 <ダウンロード>をクリックすると、ファイルがダウンロードされます。

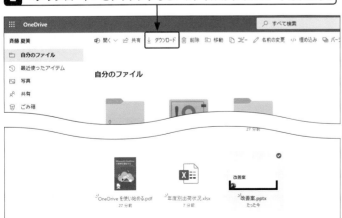

メモ スマートフォンからファイルをダウンロードする

スマートフォンからOneDriveのファイルをダウンロードするには、以下のように操作します。

1 ダウンロードしたいファイルの：をタップし、

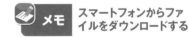

2 <保存>をタップします。

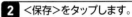

3 表示された画面でファイルの保存先をタップして選択し、<保存>をタップします。

137

3 フォルダを作成する

 メモ スマートフォンから
フォルダを作成する

スマートフォンからOneDriveにフォルダを作成するには、以下のように操作します。

1 ➕→<フォルダーの作成>の順にタップし、

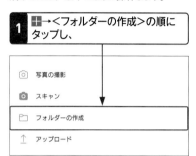

2 フォルダ名を入力して、

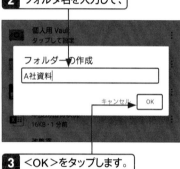

3 <OK>をタップします。

1 P.136手順**2**の画面で<新規>をクリックし、

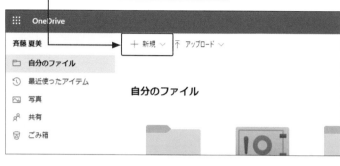

2 <フォルダー>をクリックします。

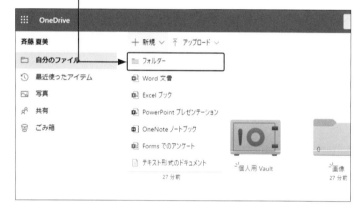

3 フォルダ名を入力し、

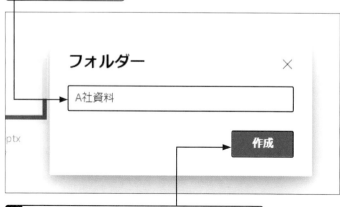

4 <作成>をクリックすると、フォルダが作成されます。

第6章 クラウドストレージサービスを使いこなそう

Section
58

Section 58 OneDriveのフォルダを共有しよう

フォルダを共有すれば、複数人での作業を効率よく進めることができます。共有メンバーであればファイルの編集やコメントの追加ができるので、離れた場所にいる人ともやり取りすることが可能です。

覚えておきたいキーワード
- ☑ フォルダの共有
- ☑ フォルダの詳細
- ☑ アクセス権限

1 フォルダを共有する

1 共有したいフォルダにマウスポインターを合わせ、○をクリックしてチェックを付けたら、

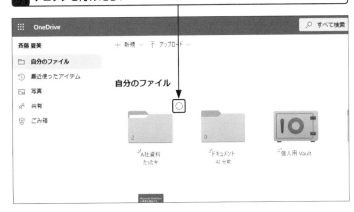

メモ　そのほかの共有方法

手順**2**のあとに表示される画面で、＜リンクのコピー＞をクリックすると、フォルダのリンクを取得することができます。メールにリンクを貼り付けて送れば、そのリンクをクリックするだけでフォルダにアクセスすることができます。

2 ＜共有＞をクリックします。

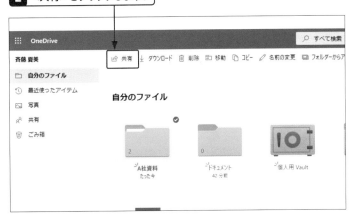

メモ スマートフォンから フォルダを共有する

スマートフォンからOneDriveのフォルダを共有するには、以下のように操作します。

1 共有したいフォルダの ⋮ をタップし、

2 <共有>をタップします。

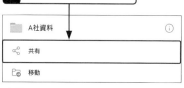

3 <ユーザーの招待>をタップし、

4 相手のメールアドレスを入力して、

5 ▷をタップすると、相手に招待メールが届きます。

3 共有する相手のメールアドレスを入力し、

4 候補をクリックしたら、

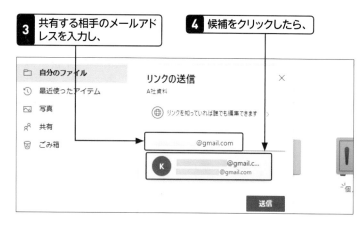

5 相手へのメッセージを入力します。

6 <送信>をクリックすると、相手に招待メールが届きます。

7 共有フォルダを開き、ⓘをクリックすると、

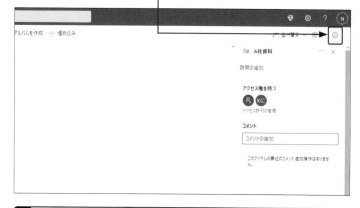

8 メンバーのアクセス権限を管理したり、コメントを追加したりできます。

Chapter 07

第7章

書類の作成・共同編集サービスを使いこなそう

書類の作成・共同編集サービスでできること

オンラインサービスを利用すれば、Webブラウザでファイルを閲覧したり、文書を作成したり、共同編集したりできます。ここではオンラインサービスを活用する利点を紹介します。

1 オンラインで書類を閲覧・編集できる

メモ オフラインでの利用

サービスによっては、オフラインで利用できるものもあります。インターネット環境のない場所でも閲覧・編集ができるため、万一のときでも安心です。

テレワークなどで離れた場所にいる人ともファイルをやり取りしたいときは、書類の作成や共同編集をオンライン上で行える無料サービスを利用すると便利です。インターネット環境さえあれば、場所や時間を問わず、必要なファイルをいつでも閲覧・編集することができます。サービスの多くは無料で利用できるので、低コストで導入できる点も魅力です。

さまざまなデバイスに対応

アプリをインストールすれば、タブレットやスマートフォンからファイルを閲覧・編集することができます。外出先で資料が必要になったときでも、目的のファイルにすぐにアクセスできます。移動中などの隙間時間も効率よく使えます。

万一のときでも安全

Officeアプリなどはパソコン内にファイルを保存しますが、オンラインサービスを利用すれば、ファイルはオンライン上に保存されます。万一パソコンが故障してしまったり、災害などで壊れてしまったりしても、ファイルが消失する心配はありません。

メモ オンライン上のデータが消失するリスク

パソコンに障害が発生しても、オンライン上のでファイルが影響を受けることはありません。しかし、第三者の攻撃によってオンライン上のファイルが消失したり、サービス自体が利用できなくなったりするリスクもあるので、通常のバックアップと併用するとより安全です。

2 ほかのユーザーと編集内容を共有できる

ファイルはほかのユーザーと共同編集することができます。チームやプロジェクトごとなど、複数人で作業しているときは、ファイルを共有することで作業を効率よく進められるでしょう。ファイルを共有すれば、そのつど更新してメールで送る手間も省けます。オンライン上で編集を行うと、共有しているほかのユーザー側にもリアルタイムで内容が反映されるため、いつでも最新の状態を確認できます。

また、編集したファイルは自動的に保存されるため、手動で保存する必要はありません。これにより、ファイルの保存を忘れて、編集した内容が消えてしまう心配もなくなります。

さらに、誰がどのような編集を行ったのか、作業履歴が残るしくみもあります。編集のミスなどが発生した場合でも、過去のバージョンを確認することができるので安心です。

メモ オンラインのユーザーをドキュメント上で確認できる

同時に閲覧・編集しているユーザーをドキュメント上で確認できます。編集内容をリアルタイムに見ることができるので、誰がどこを編集したのかをひと目で把握できます。

3 ファイルを一元管理できる

書類の作成・共同編集サービスを利用すれば、オンライン上でファイルを一元管理できます。指定の場所にアクセスするだけでデータを確認できるので、ほしい情報をすぐに探し出すことができます。メール添付でファイルを送信したり、USBメモリに保存したりする煩わしさを解消できるため、時間短縮にもつながります。ファイルはオンライン上で管理されているため、パソコンのストレージの容量を圧迫することもありません。

メモ 保存容量

オンラインサービスによって、無料で利用できる容量は異なります。容量が足りなくなったときは、有料版にアップグレードする必要があります。

代表的な書類の 作成・共同編集サービス

書類の作成・共同編集サービスにはさまざまなものがありますが、ここでは代表的なものを紹介していきます。それぞれに特徴があるので、目的に合わせて、使いやすいサービスを選択しましょう。

1 Web 版 Microsoft Office の特徴

メモ　スマートフォンから Office アプリを利用する

タブレットやスマートフォンからファイルを編集したいときは、PowerPoint、Word、Excel などの単体アプリを個別にインストールする必要があります。移動中の隙間時間などもファイル管理ができるので便利です。

Web 版 Microsoft Office は、Office アプリを Web ブラウザ上で利用できるようにしたサービスです。

メリット

●無料で利用できる
Office アプリは購入すると決して安くはありませんが、Web 版 Microsoft Office であれば、業務に必要なアプリを無料でひと通り利用することができます。Microsoft アカウントを取得していて、インターネット環境があれば、ファイルの閲覧はもちろん、編集も可能です。

●マルチデバイス対応
パソコンだけでなく、タブレットやスマートフォンなどのさまざまなデバイスに対応しています。作成したファイルはリアルタイムに OneDrive に保存されるため、パソコンで作成したファイルを外出中にスマートフォンで確認したり、タブレットで編集したりすることも可能です。

●複数のユーザーと共同編集できる
ファイルを共有すれば、1 つのファイルを複数人で共同編集することも可能です。編集した内容はリアルタイムに反映されるため、チーム内で作業が重複する心配もありません。

デメリット

●機能に制限がある
無料であるがゆえに、作成できるグラフの種類が限られていたり、一部のフォントが利用できなかったり、マクロが利用できなかったりするなど、使用できる機能に制限があります。

メモ　マクロ

マクロ機能とは、主に Excel の自動化操作において使われることの多い言葉です。データ集計や分類、印刷など、さまざまな業務を自動で行わせることができる機能です。

●通信速度に依存する
Web 版 Microsoft Office は、インターネットに接続できる環境がなければ使用できません。通信速度にも影響されるため、低速な回線での利用は、作業に影響が出てしまうこともあります。

2 Google ドキュメント&スプレッドシートの特徴

Google ドキュメントと Google スプレッドシートは、Google が提供する Web 版の Office アプリです。Google アカウントを取得すれば、無料で利用できます。Web ブラウザ上でファイルを作成したり、複数人で同時に編集したりできます。

Google ドキュメント

Google ドキュメントは Microsoft Word のような機能を持つ文書作成ツールです。一番の特徴は、最大50人で共同編集できることです。また、誰がファイルを閲覧しているのか、どのような編集を行っているのかをリアルタイムに把握できます。

Google スプレッドシート

Google スプレッドシートは Microsoft Excel のような機能を持つ表計算ツールです。Google ドキュメントと同様に、複数人での同時編集はもちろん、オフラインでの利用や自動保存の機能も備わっています。

2つのツールの特徴

●変換形式が豊富
作成したファイルは、Word 文書や PDF などさまざまな形式で書き出すことができるので、使うシーンに応じて柔軟に対応できます。ファイルの共有もオンライン上で可能なため、そのつどメールに添付する手間も省けます。

●自動保存される
Google ドキュメントは保存の操作が不要です。文書を作成すると自動で保存される仕様のため、「うっかり保存するのを忘れてしまった」というミスをする心配はありません。変更履歴を確認できるので、チームやグループで編集しているときなどは、誰がどのような処理を行ったのかをひと目で確認できます。

●かんたんに共有できる
どちらのツールも、URL を送るだけでファイルの共有ができます。ファイル容量を気にする必要もありません。また、相手が Google アカウントを持っていなくても共有することができます。

●編集を自動で通知
共有しているファイルが変更されたときに、自動的にメールで知らせてくれる「通知ルール」機能があります。誰がどこをどのように編集したかがわかるので、複数人で作業している場合などに便利です。配信頻度も設定できます。

 メモ　アドオンの追加

Google ドキュメントや Google スプレッドシートは、アドオンを追加することで機能を拡張できます。アドオンを追加するためには、各ツールの画面で操作します。

Google ドキュメント

Google スプレッドシート

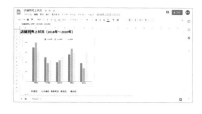

Web版Microsoft Officeで ファイルを共有しよう

覚えておきたいキーワード
- ☑ Web版 Microsoft Office
- ☑ 共有ファイル
- ☑ メール

Web版Microsoft Officeで作成したファイルは共同編集することができます。部署やチームなど、複数人で効率よく作業を進められるので便利です。ここではファイルを共有する方法や、メールのリンクからファイルを開く方法を紹介します。

1 ファイルを共有する

メモ スマートフォンから 共有ファイルを開く

スマートフォンからWeb版Microsoft Officeで共有されたファイルを開くには、以下のように操作します。

1 案内のメール内にある<開く>をタップすると、

2 ファイルが開きます。

1 ファイル作成画面の右上にある<共有>をクリックします。

2 共有する相手のメールアドレスを入力し、

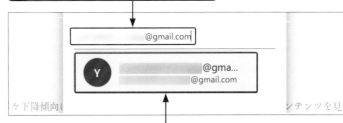

3 その下に表示されたメールアドレスをクリックします。

4 任意で相手へのメッセージを入力し、

ご確認のほど、よろしくお願いします！

送信

5 <送信>をクリックします。

2 共有されたファイルを開く

1 ファイルが共有されると案内のメールが届くので、メール内の＜開く＞
をクリックすると、

2 WebブラウザでWordファイルが開きます。　｜右上のヒント参照｜

3 ＜ドキュメントの編集＞を　**4** ＜編集＞をクリックすると、Web版
クリックし、　　　　　　　　Microsoft Officeで編集できます。

｜右上2つめのヒント参照｜

5 手順**2**の画面で…をクリックすると、

｜右下のヒント参照｜

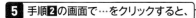

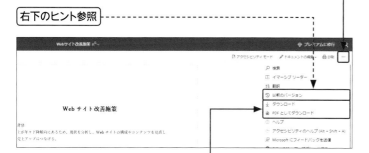

6 ファイルのダウンロードやPDFへの変換などの操作ができます。

💡ヒント　アクセシビリティモード

手順**2**の画面で＜アクセシビリティモード＞を
クリックすると、背景がグレーになり、文章
が読みやすくなります。

💡ヒント　ファイルをアプリで開く

手順**4**で＜デスクトップアプリで開く＞をク
リックすると、アプリ版のWordでファイルを
開くことができます。

💡ヒント　閲覧モード

共有されたファイルを開くと、最初は閲覧モー
ドで表示され、編集ができません。ファイル
を編集したいときは、手順**3**～**4**の操作を
行います。

💡ヒント　ファイルを印刷する

ファイルを印刷したいときは、手順**3**の画面
の右上にある＜印刷＞をクリックします。

💡ヒント　以前のバージョンを確認する

手順**6**で＜以前のバージョン＞をクリックする
と、現在のバージョンのほか、変更される前
の文書などを確認することができます。

Web版Microsoft Officeで Wordファイルを編集しよう

Webブラウザで Word ファイルを編集してみましょう。ファイルを閲覧しているユーザーも確認できるので、誰がどこを編集しているのかひと目でわかります。文書の編集だけでなく、コメントを追加することも可能です。

1 Wordファイルを編集する

ヒント　新規文書を作成する

手順**2**の画面で、＜新しい空白の文書＞をクリックすると、新規に文書を作成することができます。

1 Web版Microsoft Office（https://www. office.com/）にアクセスし、Microsoftアカウントでサインインします。

左上のヒント参照

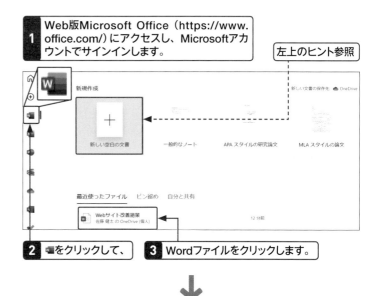

2 ▣をクリックして、　　**3** Wordファイルをクリックします。

ヒント　テンプレートを利用する

テンプレートを利用したいときは、手順**2**の画面で＜その他のテンプレート＞をクリックします。テンプレートの一覧が表示されるので、使いたいテンプレートをクリックすると、そのテンプレートを適用した文書を作成することができます。

4 Web版のWordでファイルが開きます。

ヒント　ファイルを閲覧しているユーザー

ファイルを共有している場合は、画面右上に閲覧しているユーザーのアイコンが表示されます。アイコンをクリックすると、そのユーザーのマウスポインターの位置まで移動するので、どこを編集しているのかをひと目で把握できます。

5 ファイルを共有している場合は、文書内の色付きフラグにマウスポインターを合わせると、

6 メールアドレスや名前が表示され、誰が編集しているかを確認できます。

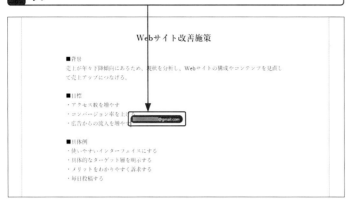

7 文章の追加などの編集を行うと、自動的に保存されます。

8 画面上部の<編集>をクリックし、

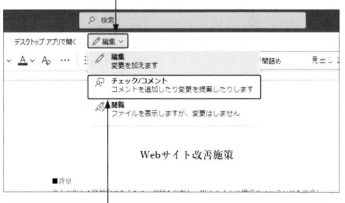

9 <チェック／コメント>をクリックすると、コメントを追加できます。

メモ スマートフォンから
Wordファイルを編集する

スマートフォンからWeb版Microsoft Office
でWordファイルを編集するには、以下のよ
うに操作します。

1 「OneDrive」アプリでWordファイ
ルをタップし、

2 をタップします。

3 をタップして編集します。

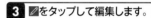

4 手順3の画面で圓をタップすると、
モバイルビューになります。

Section 63

Web版Microsoft Officeで Excelファイルを編集しよう

Web版 Microsoft Office で Excel ファイルを開くと、アプリ版の Excel と同じように、さまざまな表やグラフを作成できます。編集すると自動保存されるため、うっかり保存し忘れてデータが消失してしまう心配もありません。

第7章 書類の作成・共同編集サービスを使いこなそう

1 Excelファイルを編集する

ヒント　新規ブックを作成する

手順■の画面で、<新しい空白のブック>をクリックすると、新規にブックを作成することができます。

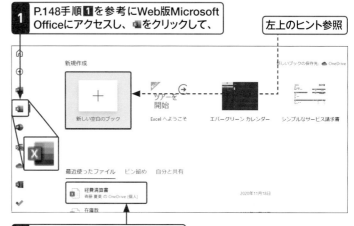

1 P.148手順■を参考にWeb版Microsoft Officeにアクセスし、■をクリックして、

左上のヒント参照

新規作成

新しい空白のブック　Excel へようこそ　エバーグリーン カレンダー　シンプルなサービス請求書

最近使ったファイル　ピン留め　自分と共有

経費清算書
斉藤真美 の OneDrive (個人)　　2020年11月18日

2 Excelファイルをクリックします。

3 Web版のExcelでファイルが開きます。

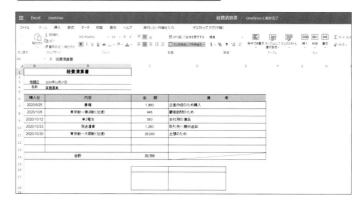

ヒント　ファイルをピン留めする

手順■の画面で、ファイルにマウスポインターを合わせ、 : →<ピン留めに追加>の順にクリックすると、ファイルをピン留めすることができます。ピン留めしたファイルは<ピン留め>をクリックするとまとめて確認できるので、重要なファイルはピン留めしておくと便利です。

4 編集を行うと、自動的に保存されます。

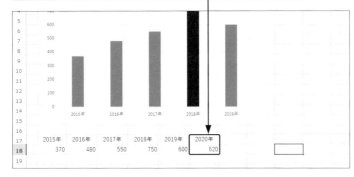

グラフを編集する

1 グラフに情報を追加したいときは、セルにデータを入力し、

2 グラフをクリックして選択して、

3 <グラフ>をクリックします。

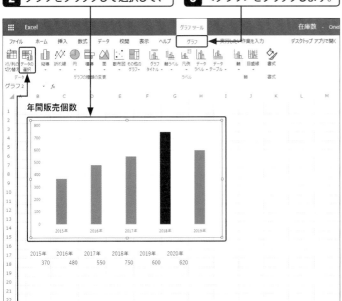

4 <データの選択>をクリックして範囲を選択すると、グラフにデータが追加されます。

メモ スマートフォンから
Excelファイルを編集する

スマートフォンからWeb版Microsoft Office
でExcelファイルを編集するには、以下のよ
うに操作します。

1 「OneDrive」アプリでExcelファイ
ルをタップし、● をタップすると、

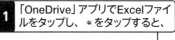

2 Excelファイルが開きます。

3 セルをダブルタップすると、編集
することができます。

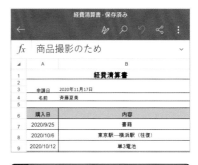

Googleドキュメント&スプレッドシートで共有されたファイルを開こう

覚えておきたいキーワード
☑ Google ドキュメント
☑ Google スプレッドシート
☑ 共有ファイル

Googleアカウントを取得していれば、Google ドキュメントやGoogle スプレッドシートのファイルをいつでも閲覧することができます。ここではファイルを共有する方法や、メールのリンクからファイルを開く方法を紹介します。

1 ファイルを共有する

 メモ スマートフォンからGoogleドキュメント&スプレッドシートのファイルを開く

スマートフォンからGoogleドキュメント&スプレッドシートで共有されたファイルを開くには、以下のように操作します。

1 招待のメール内にある<ドキュメントで開く>をタップすると、

2 Googleドキュメントが開きます。

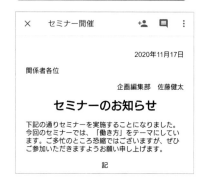

1 Googleのトップページ（https://www.google.co.jp/）で、右上の⠿→<ドライブ>の順にクリックしてGoogleドライブのトップページを表示します。共有したいドキュメントまたはスプレッドシートの上で右クリックし、<共有>をクリックします。

2 共有する相手のメールアドレスを入力し、

3 その下に表示されたメールアドレスをクリックします。

4 任意でメッセージを入力し、

5 <送信>をクリックすると、相手に招待メールが送信されます。

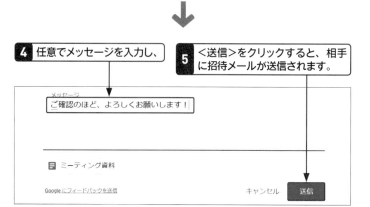

2 共有されたファイルを開く

1 ファイルが共有されると招待のメールが届くので、メール内の＜ドキュメントで開く＞をクリックします。

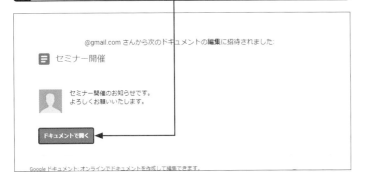

2 Googleドキュメントが開きます。

右中段のメモ参照

3 画面右上にはファイルを閲覧しているユーザーのアイコンが表示されます。 をクリックすると、

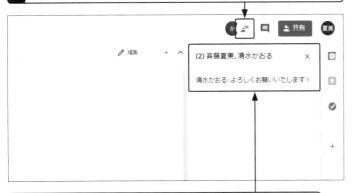

4 閲覧しているユーザーとチャットでやり取りすることができます。

ヒント ファイルの確認方法

保存したGoogleドキュメントやGoogleスプレッドシートは、Googleのトップページで ::: をクリックし、＜ドキュメント＞または＜スプレッドシート＞をクリックすることで確認できます。

メモ 変更履歴を確認する

手順**2**の画面で、＜最終編集：○分前＞をクリックすると、画面右側に変更履歴が表示され、誰がどこを編集したのか確認できます。

ヒント ほかのユーザーが編集している箇所を確認する

手順**3**の画面で、右上のユーザーアイコンをクリックすると、そのユーザーがマウスポインターを合わせている箇所に移動します。

メモ スマートフォンからファイルを確認する

スマートフォンからGoogleドキュメントやGoogleスプレッドシートのファイルを確認したいときは、ホーム画面で＜Google＞フォルダをタップし、＜ドキュメント＞または＜スプレッドシート＞をタップします。

153

Googleドキュメントで
ファイルを編集しよう

覚えておきたいキーワード
- ☑ Google ドキュメント
- ☑ ファイルの編集
- ☑ コメントの追加

Google ドキュメントを利用すれば、Web ブラウザで文書作成ができます。チャットやコメント機能も付いているため、複数人での作業にも役立ちます。編集した内容は自動保存されるため安心です。

1 ドキュメントのファイルを編集する

 メモ Google ドキュメントで開ける拡張子

Google ドキュメントで作成したファイルは（.gdoc）という拡張子になりますが、Microsoft の Word（.docx）などと互換性があるため、Google ドライブにファイルを保存しておくと、Office アプリがインストールされていないデバイスでも、ファイルの閲覧や編集ができます。

メモ スマートフォンからドキュメントのファイルを編集する

スマートフォンから Google ドキュメントのファイルを編集するには、以下のように操作します。

1 ホーム画面で＜Google＞フォルダ→＜ドキュメント＞の順にタップし、編集したいファイルをタップします。

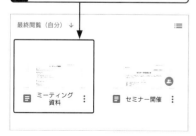

1 Google のトップページ（https://www.google.co.jp/）で右上の ⊞ →＜ドキュメント＞の順にクリックして Google ドキュメントのトップページを表示し、編集したいファイルをクリックします。

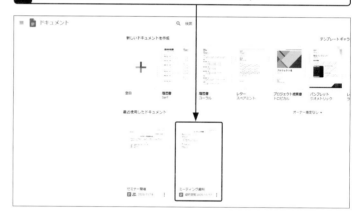

2 Google ドキュメントでファイルが開くので、文章の追加や修正などの編集を行うと、自動的に保存されます。

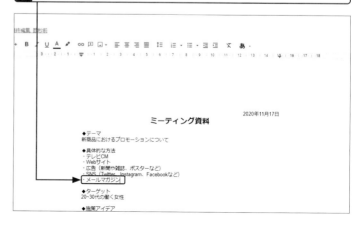

P.155 右上に続く

コメントを付ける

1 コメントを付けたい箇所の右側にマウスポインターを合わせ、表示される ▣ をクリックします。

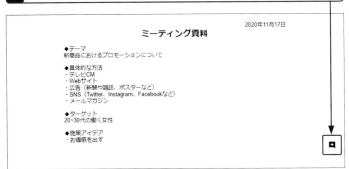

2 コメントを入力し、　　　**3** <コメント>をクリックします。

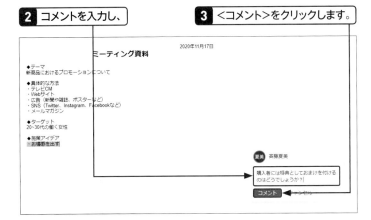

4 指定の箇所にコメントが付きます。コメントが付いている箇所はハイライトで表示されます。

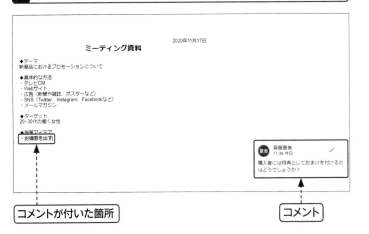

コメントが付いた箇所　　　コメント

2 ✎ をタップすると編集できます。

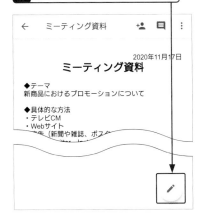

メモ スマートフォンから
コメントを付ける

スマートフォンからGoogleドキュメントのファイルにコメントを付けるには、以下のように操作します。

1 コメントを付けたい箇所を選択し、

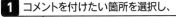

2 ⋮をタップします。

3 <コメントを追加>をタップし、コメントを入力します。

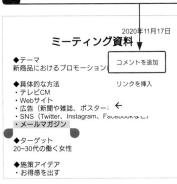

Googleスプレッドシートで
ファイルを編集しよう

Google スプレッドシートを利用すると、Webブラウザで表計算やグラフ作成ができて便利です。テキスト編集はもちろん、グラフにデータを追加したり、グラフの種類を変えたりなど、グラフに関するさまざまな操作が行えます。

第7章 書類の作成・共同編集サービスを使いこなそう

1 スプレッドシートのファイルを編集する

**メモ Google スプレッド
シートで開ける拡張子**

Google スプレッドシートで作成したファイルは（.gsheet）という拡張子になりますが、Microsoftの Excel（.xlsx）などと互換性があるため、Google ドライブにファイルを保存しておくと、Officeアプリがインストールされていないデバイスでも、ファイルの閲覧や編集ができます。

1 Googleのトップページ（https://www.google.co.jp/）で右上の ⠿ →
＜スプレッドシート＞の順にクリックしてGoogleスプレッドシートの
トップページを表示し、編集したいファイルをクリックします。

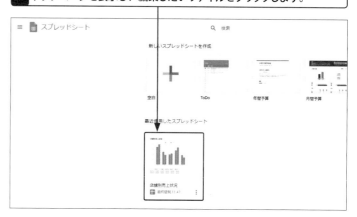

**メモ スマートフォンからスプレッド
シートのファイルを編集する**

スマートフォンからGoogle スプレッドシートのファイルを編集するには、以下のように操作します。

1 ホーム画面で＜Google＞フォルダ
→＜スプレッドシート＞の順にタップし、編集したいファイルをタップします。

2 Googleスプレッドシートでファイルが開きます。

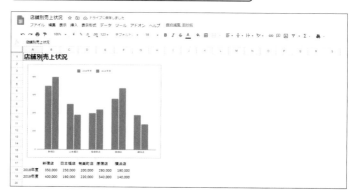

 P.157右上に続く

3 内容を編集すると、自動的に保存されます。

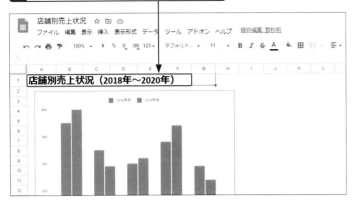

2 セルをダブルタップすると編集できます。

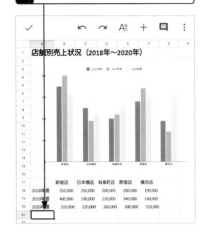

4 グラフを編集したいときは、グラフをクリックして選択し、

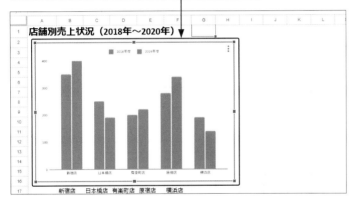

メモ スマートフォンから
グラフを編集する

1 グラフをダブルタップして<グラフを編集>をタップすると、

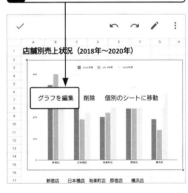

5 ⋮ をクリックして、

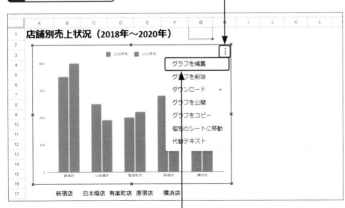

6 <グラフを編集>をクリックします。

2 グラフを編集できます。

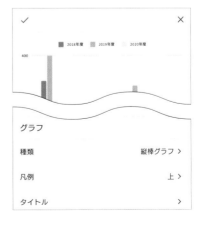

157

💡 **ヒント** グラフの色を変更する

Google スプレッドシートのグラフの色を変更するには、以下のように操作します。

1 手順**7**の画面で色を変えたい系列をクリックし、

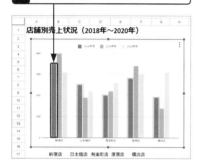

2 右側の「グラフエディタ」に表示される「色」のプルダウンから、変更したい色をクリックします。

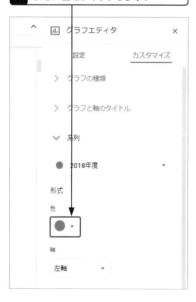

7 セルにデータを入力し、

8 <系列を追加>をクリックしたら、

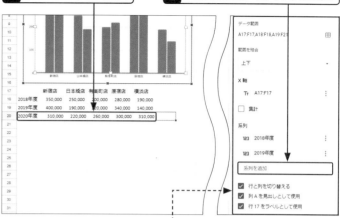

「グラフエディタ」が表示され、グラフの種類などの設定やカスタマイズができます。

9 追加したい系列(ここでは<2020年度>)をクリックすると、

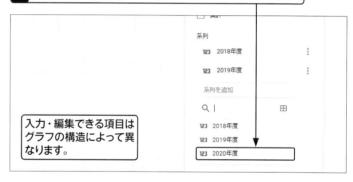

入力・編集できる項目はグラフの構造によって異なります。

10 グラフにデータが追加されます。

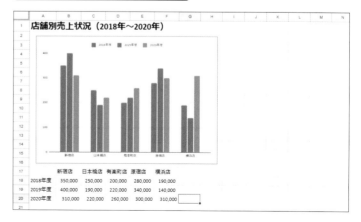

Appendix 01

付録 **1**

主なテレワークツールの導入方法

Section 67 Microsoftアカウントを取得しよう

Microsoft アカウントを取得すると、一度のログインでさまざまな Microsoft 製品やサービスを利用できるようになります。Microsoft アカウントは無料で取得でき、メールアドレスを新規に取得することも可能です。ここでは、新しい Microsoft アカウントの作成方法を紹介します。

1 Microsoftアカウントを取得する

メモ プライベートと仕事でアカウントを使い分ける

すでに Microsoft アカウントを持っている場合であっても、テレワークで使用する際は仕事用に別のアカウントを新しく取得することをおすすめします。プライベートと仕事でアカウントを使い分けることで、両者のメールが混在することを防止できます。また、会社などから仕事用の Microsoft アカウントを発行されている場合は、そちらを使用しましょう。

1 Web ブラウザを起動し、アドレスバーに「https://account.microsoft.com/」と入力し、Enterキーを押します。

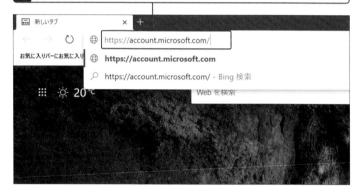

2 Microsoftアカウントのページが表示されます。＜Microsoftアカウントを作成＞をクリックします。

メモ Microsoftアカウント取得後

Microsoft アカウントを取得し、サインインしたあとに手順**1**のURLにアクセスすると、Microsoft アカウントの管理ページが表示されます。

3 ここでは、<新しいメールアドレスを取得>をクリックします。

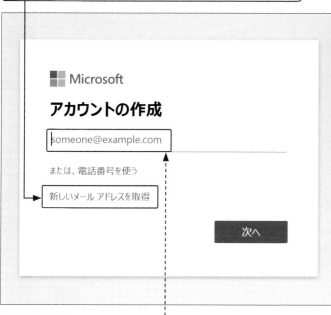

右下のヒント参照 ┄┄┄┄┄┄

4 「@outlook.jp」の左側に、希望する文字列を入力します。

5 <次へ>をクリックします。

 メモ すでにメールアドレスが
使用されていた場合

手順**4**の画面で入力したメールアドレスがすでにほかの人によって取得されていた場合、登録することはできません。まったく異なる文字列を入力し直すか、<次の中から選んでください>をクリックし、似た候補の中からクリックして選択するか、別のメールアドレスを入力します。

1 <次の中から選んでください>をクリックします。

2 任意のアドレスをクリックして選択します。

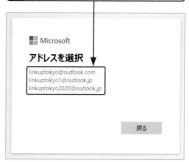

 ヒント 既存のメールアドレスを
使用する場合

プロバイダーやフリーメールなど、既存のメールアドレスを使用する場合は、手順**3**の入力欄に任意のメールアドレスを入力します。

メモ　類推されづらいパスワードを設定する

仕事用アカウントのパスワードは、なるべく複雑なものを設定しましょう。そうすることで、第三者にパスワードを類推されにくくなり、悪用のリスクも低減します。小文字や大文字だけでなく、数字や記号を組み合わせ、8文字〜10文字以上を目安に設定することをおすすめします。

 ヒント　パスワードの重要性

テレワークで使用するMicrosoftアカウントのパスワードが漏洩すると、重要機密が流出して、会社に重大な損害を与える危険があります。必ず複雑なパスワードを設定して、厳重に管理しましょう。

 メモ　文字列が読みづらいとき

手順**8**の画面では、実在の人物がアカウントを申請している（＝ロボットによる不正な操作ではない）ことを確認するため、ランダムに表示されている文字列を入力する必要があります。文字列が判別しづらい場合は＜新規＞をクリックすると、新しい文字列が表示されます。＜音声＞をクリックすると、音声として文字列が読まれるので、聞き取って入力しましょう。

6 任意のパスワードを入力して、

7 ＜次へ＞をクリックします。

8 表示されている文字列を入力します。

左下のメモ参照

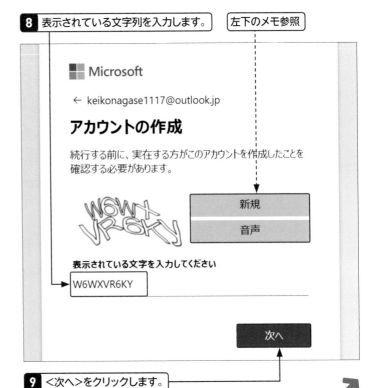

9 ＜次へ＞をクリックします。

10 <はい>をクリックします。

メモ サインインの状態を
維持する

手順**10**の画面では、サインインの状態を維持するかどうか設定できます。<はい>をクリックすると、このデバイス上から次回サインインするときに、アカウント情報を入力する手間が省けます。

11 Microsoftアカウントを取得し、サインインできました。

メモ 常時サインインは
デバイスごとに設定

Microsoftアカウントは、デスクトップパソコン、ノートパソコン、またはスマートフォンなどさまざまなデバイスから同一アカウントへアクセスすることができ、ビジネスシーンではとても便利です。しかし、デバイスAで設定した常時サインインの状態を、デバイスBで引き継ぐことはできないので注意してください。デバイスごとに、常時サインイン設定を行う必要があります。

付録
1

主なテレワークツールの導入方法

163

68 Googleアカウントを取得しよう

Google アカウントを取得すると、一度のログインでさまざまな Google アプリをダウンロードしたり、サービスを利用したりできます。Google アカウントは無料で取得でき、メールアドレスを新規に取得することも可能です。ここでは、新しい Google アカウントの作成方法を紹介します。

1 Googleアカウントを取得する

メモ プライベートと仕事でアカウントを使い分ける

すでに Google アカウントを持っている場合であっても、テレワークで使用する際は仕事用に別のアカウントを新しく取得することをおすすめします。プライベートと仕事でアカウントを使い分けることで、両者のメールが混在することを防止できます。また、会社などから仕事用の Google アカウントを発行されている場合は、そちらを使用しましょう。

1 Webブラウザを起動し、アドレスバーに「https://accounts.google.com/」と入力し、Enter キーを押します。

2 Googleアカウントのページが表示されます。<アカウントを作成>をクリックします。

3 ＜ビジネスの管理用＞をクリックします。

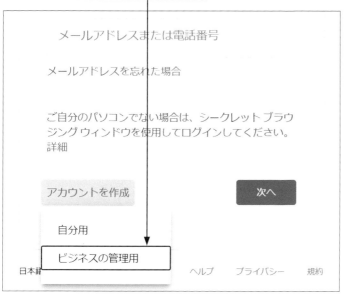

メールアドレスまたは電話番号

メールアドレスを忘れた場合

ご自分のパソコンでない場合は、シークレット ブラウジング ウィンドウを使用してログインしてください。
詳細

アカウントを作成　　　　　　　　　　　次へ

自分用

ビジネスの管理用

日本語　　　　　　　　　　　ヘルプ　　　プライバシー　　　規約

4 「姓」と「名」を入力します。

5 「@gmail.com」の左側に、希望する「ユーザー名」を入力します。

Google

Google アカウントの作成

永瀬　　　　　　　　桂子

ユーザー名

keikonagase1117　　　　　　@gmail.com

半角英字、数字、ピリオドを使用できます。

代わりに現在のメールアドレスを使用

パスワード　　　　　　確認

・・・・・・・・　　　　・・・・・・・　　👁

半角英字、数字、記号を組み合わせて 8 文字以上で入力してください

代わりにログイン　　　　　　　次へ

1 つのアカウント
べてのサービス
ま

6 「パスワード」と「確認」に同じパスワードを入力します。

7 ＜次へ＞をクリックします。

　メモ　ビジネスの管理用

Googleアカウントを取得する場合、個人で使用するプライベートなアカウントであれば、手順**3**の画面で＜自分用＞をクリックして選択します。ここでは、仕事に関係するアカウントとして取得しているので＜ビジネスの管理用＞をクリックして選択します。

メモ　すでにユーザー名が使用されていた場合

手順**5**の画面で、入力したユーザー名がすでにほかの人によって取得されていた場合、登録することはできません。数字などの組み合わせを変更して別のユーザー名を入力するか、「選択可能なユーザー名：」の横に表示されているユーザー名の中からクリックして選択しましょう。

クリックします。

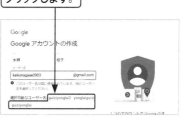

Google

Google アカウントの作成

永瀬　　　　　　桂子

ユーザー名

keikonagase0903　　　　　　@gmail.com

このユーザー名は既に使用されています。別のユーザー名を選択するか、他のユーザー名を選択してください。

選択可能なユーザー名：guzziyonglai3　yonglaiguzzi
guzziyonglai

1つのアカウントです Google のす

メモ 「Googleへようこそ」
画面で入力する項目

右の「Googleへようこそ」画面では、以下
の項目を入力します。

入力項目	入力内容
電話番号 （省略可）	市外局番から電話番号を入力します。セキュリティの確認でも使用します。省略もできます。
再設定用の メール アドレス （省略可）	メールアドレスを入力します。ログインできなくなった場合に、Googleアカウントに再びアクセスできるようにするために使用します。省略もできます。
生年月日	生年月日を西暦で入力します。
性別	任意の性別を選択します。

8 「電話番号」を入力します。

9 「生年月日」を設定します。

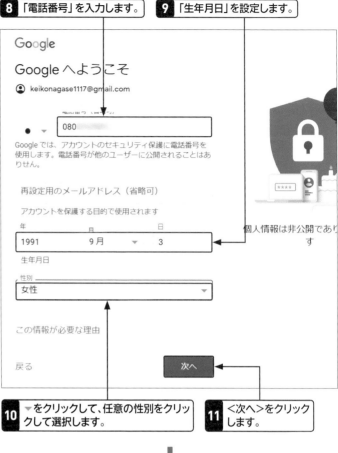

10 ▼をクリックして、任意の性別をクリックして選択します。

11 ＜次へ＞をクリックします。

12 プライバシーポリシーと利用規約の説明を読んで、＜同意する＞をクリックします。

キーワード プライバシーポリシー

手順12の画面にあるプライバシーポリシーとは、Googleが収集したユーザーの個人情報の扱い方を決めた原則のことです。以下のURLにアクセスすることでも確認できます。
https://policies.google.com/privacy

付録
1

主なテレワークツールの導入方法

13 ビジネスプロフィールの追加を求める画面が表示されます。ここでは、<後で>をクリックします。

↓

14 Googleアカウントを取得し、サインインできました。

右上のメモ参照

メモ　Googleアカウントの個人情報を変更する

Googleアカウントの個人情報はあとから変更することも可能です。変更できる項目は、「プロフィール写真」「名前」「パスワード」などです。変更する場合は、手順**14**の画面で<個人情報>をクリックし、表示される「個人情報」画面で変更したい任意の項目をクリックして、指示に従って操作します。

1 <個人情報>をクリックします。

2 「個人情報」画面が表示されます。

メモ　Googleアカウントの管理画面

手順**14**のGoogleアカウントの管理画面では、Googleサービスをより便利に利用するために、個人情報やプライバシー、セキュリティなどをカスタマイズできます。また、アカウントのストレージやお支払い情報、連絡先などを確認することもできます。

167

Section
69

Zoomを導入しよう

覚えておきたいキーワード
- ☑ Web 会議
- ☑ Zoom
- ☑ インストール

ミーティングへの参加や主催など、Zoomの機能を活用するためには公式アカウントを取得しておく必要があります。Zoomのアカウントの取得、Zoomアプリのダウンロード＆インストールなどは、Zoom公式サイトから操作できます。

1 Zoom を導入する

メモ 生年月日の入力がある理由

2021年1月現在、Zoomは16歳以上でないと利用できない規約があります。ユーザーが16歳以上であることを自己申告し、利用規約に同意するために、手順**4**で生年月日の入力を求められます。

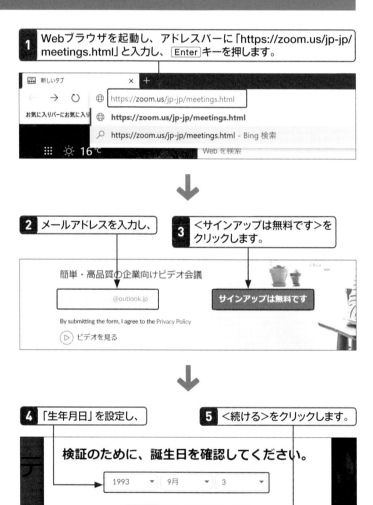

1 Webブラウザを起動し、アドレスバーに「https://zoom.us/jp-jp/meetings.html」と入力し、[Enter]キーを押します。

2 メールアドレスを入力し、

3 <サインアップは無料です>をクリックします。

4 「生年月日」を設定し、

5 <続ける>をクリックします。

6 表示された文字列を入力し、　　**7** <確認>をクリックします。

8 手順**2**で入力したメールアドレスにメールが届くので、メールソフトやWebメールで開きます。<アカウントをアクティベート>をクリックします。

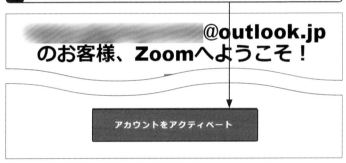

9 「姓名」を入力し、　　**10** 任意の同じパスワードを2回入力します。

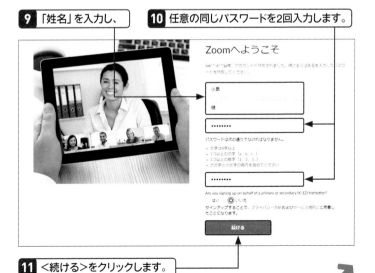

11 <続ける>をクリックします。

 **メモ** 文字列が
読みづらいとき

手順**6**の画面では、実在の人物がアカウントを作成したことを確認するため、ランダムに表示されている文字列を入力する必要があります。文字列が判別しづらい場合は ⟳ をクリックすると、新しい文字列が表示されます。T をクリックすると、<Play Audio>と表示されるので、クリックすると音声として文字列が読まれます。

クリックします。

下記の文字を打ち込んでください

▷ Play Audio ⟳ T

メモ パーソナル
ミーティングURL

手順14で表示されるURLは「パーソナルミーティングURL」といいます。Zoomを利用して会議を開催する場合、このURLをメールなどでほかの人に伝えれば、いつでも自分の会議に参加してもらうことが可能です。

> ご使用のパーソナルミーティングURL：
> https://us05web.zoom.us/j/4221580464?
> pwd=STRRVGluWUxDbDRVRldHbTN2RzhGZz09

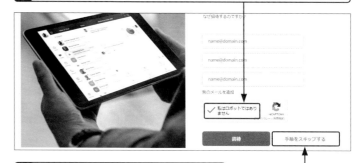

12 「私はロボットではありません」のチェックボックスをクリックしてチェックを付け、

13 <手順をスキップする>をクリックします。

14 <Zoomミーティングを今すぐ開始>をクリックします。

左上のメモ参照

左中段のヒント参照

15 …→<開く>の順にクリックすると、Zoomアプリのインストールが始まります。

 ヒント あとからZoomをインストールする

手順14の画面で<マイアカウントへ>をクリックすると、Zoomのマイプロフィールのページへ移動します。自動的にインストールが始まらないので、あとから手動でインストールする必要があります。あとからZoomをインストールするには、Webブラウザを起動し、「https://zoom.us/download」にアクセスします。「ミーティング用Zoomクライアント」の<ダウンロード>をクリックし、ダウンロードしたファイルを開いて、指示に従ってアプリをインストールします。

 メモ テストミーティング

手順14の画面で表示される「テストミーティング」とは、マイクやカメラを使ってミーティングが可能かを確認するためのテスト接続です。参加者は自分のみなので、この機会にカメラやマイクが使えるか試しておくとよいでしょう。なお、テストミーティングに参加した際、デフォルトではカメラがオフになっているので、カメラの映りを確認する場合はP.171 手順18の画面で<ビデオの開始>をクリックします。

16 アプリのインストールが完了するまで待ちます。

17 Zoomアプリが起動します。＜コンピューターでオーディオに参加＞を
クリックします。

18 テストミーティングが開始されます。終了するときは＜終了＞をクリッ
クし、

P.170左下のメモ参照

19 ＜ミーティングを退出＞をクリックします。

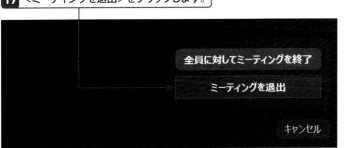

 **メモ** Zoomへ
サインインする

インストールされたZoomアプリの初回起動
時にはサインインする必要があります。登録
したメールアドレス（P.168手順**2**参照）とパ
スワード（P.169手順**10**参照）を入力すると、
サインインできます。

1 「メールアドレス」と「パスワード」
を入力し、

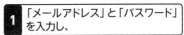

2 「次でのサインインを維…」の
チェックボックスをクリックし
てチェックを付けます。

3 ＜サインイン＞をクリックします。

4 Zoomアプリのホーム画面が表示
されます。

 メモ MacにZoomを
インストールする場合

MacにZoomをインストールするにはセキュリ
ティとプライバシーの設定を変更し、インストー
ルする権限を許可する必要があります。アプ
リのインストール方法については、P.170中
段のヒントを参照してください。

Microsoft Teamsを導入しよう

Microsoft Teamsを利用するためには、Microsoftアカウントが必要です。Microsoft Teamsにはアプリ版とブラウザ版の2種類あるので、自身の環境で使いやすいほうを選択しましょう。なお、両者にはユーザーインターフェースや機能面での大きな違いはありません。

1 Microsoft Teams を導入する

メモ Microsoftアカウントを新しく取得したいとき

Microsoft Teamsを利用する際、Microsoftアカウントが必要です。手順**3**の画面で入力するMicrosoftアカウントのメールアドレスがないときは、Sec.67を参考にして、新しいMicrosoftアカウントを取得しましょう。

1 Webブラウザを起動し、アドレスバーに「https://products.office.com/microsoft-teams」と入力し、Enter キーを押します。

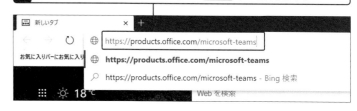

2 <無料でサインアップ>をクリックします。

3 Microsoftアカウントのメールアドレスを入力し、

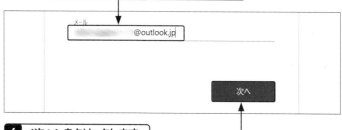

4 <次へ>をクリックします。

5 「仕事と組織向け」のチェックボックスをクリックして、チェックを付けます。

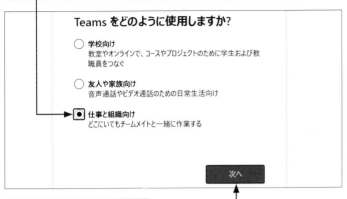

Teams をどのように使用しますか？

○ 学校向け
教室やオンラインで、コースやプロジェクトのために学生および教職員をつなぐ

○ 友人や家族向け
音声通話やビデオ通話のための日常生活向け

● 仕事と組織向け
どこにいてもチームメイトと一緒に作業する

次へ

6 ＜次へ＞をクリックします。

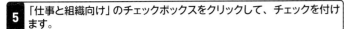

メモ　**Microsoft Teamsの
使用目的**

手順**5**の画面では、Microsoft Teamsの使用目的を選ぶことができます。「学校向け」では、教室やオンラインでコースやプロジェクトのために学生と教職員をつなぎます。「友人や家族向け」では、音声通話やビデオ通話などの日常生活向け。「仕事向け」では、職場の従業員といっしょに作業したり、連絡を取ったりするときに主に役立ちます。

7 手順**3**で入力したMicrosoftアカウントのメールのパスワードを入力し、

8 ＜サインイン＞をクリックします。

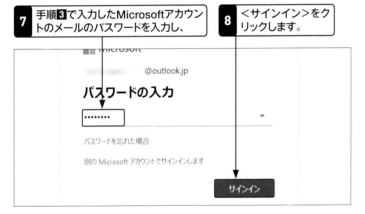

Microsoft

＠outlook.jp

パスワードの入力

••••••••

パスワードを忘れた場合

別の Microsoft アカウントでサインインします

サインイン

9 サインインの状態を維持するかの確認では＜はい＞をクリックします。

Microsoft

＠outlook.jp

サインインの状態を維持しますか？

サインインの状態を維持すると、次回もう一度サインインする必要がなくなります。

☐ 今後このメッセージを表示しない

いいえ　　はい

173

メモ デスクトップ版アプリも利用できる

ここでは、ブラウザ版のMicrosoft Teams を使う方法を紹介していますが、デスクトップ版アプリを利用してチャットやビデオ会議を行うことも可能です。手順**13**の画面で、<Windowsアプリをダウンロード>をクリックするとMicrosoft Teamsのインストーラーがダウンロードされて、インストールが実行されます。

メモ リンクをコピー

無料版のMicrosoft Teamsは、初期状態では誰もメンバーが登録されていません。そのため、作成した「組織」にメンバーを追加する必要があります。手順**14**の画面でコピーしたリンクを、組織に招待したい相手にメールなどで送信し、共有しましょう。

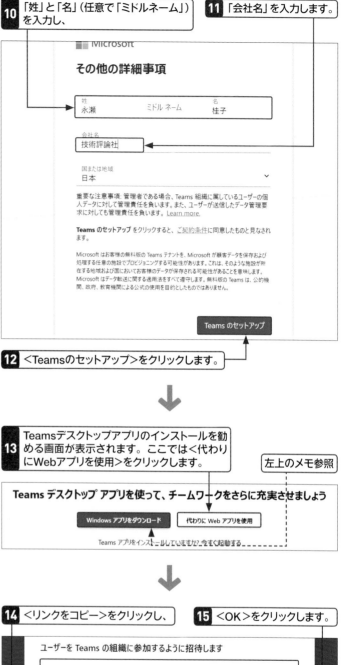

10 「姓」と「名」（任意で「ミドルネーム」）を入力し、

11 「会社名」を入力します。

12 <Teamsのセットアップ>をクリックします。

13 Teamsデスクトップアプリのインストールを勧める画面が表示されます。ここでは<代わりにWebアプリを使用>をクリックします。

左上のメモ参照

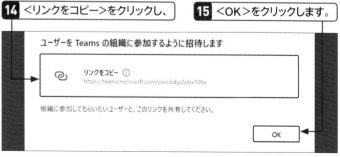

14 <リンクをコピー>をクリックし、

15 <OK>をクリックします。

16 <自動参加を有効にする>をクリックします（右のメモ参照）。

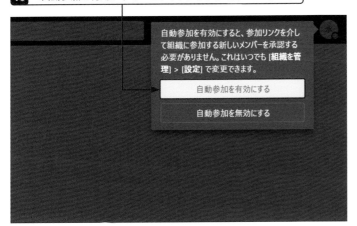

メモ　自動参加の有効

手順**16**の画面で<自動参加を有効にする>
をクリックし、設定しておくと、相手が招待リ
ンクから組織へ参加する際に、わざわざ自分
が承認する必要がなくなるので便利です。

17 初回起動時には各機能の説明が表示されるので、❯をクリックして確認します。

18 「チームへようこそ!」と表示されると、Microsoft Teamsが利用できるようになります。

Dropboxを導入しよう

覚えておきたいキーワード
☑ クラウドストレージサービス
☑ Dropbox
☑ インストール

ここでは Dropbox を利用するため、公式サイトでユーザーアカウントを取得する手順を紹介します。ほかのサービスと同じく、氏名やメールアドレスなどの情報を入力するだけで、無料でアカウントを作成できます。

1 Dropbox を導入する

 メモ スマートフォンや
タブレットでも利用できる

Dropbox はモバイル版アプリがリリースされているので、パソコンだけではなく、スマートフォンやタブレットなどでも利用することができます。すべてのデバイスで同じメールアドレスとパスワードを使用してログインすれば、同期されたファイルにどこからでもアクセスできるようになります。

1 Webブラウザを起動し、アドレスバーに「https://www.dropbox.com/」と入力し、Enter キーを押します。

2 「姓」と「名」を入力し、

3 「メールアドレス」を入力します。

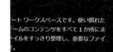 **ヒント** Google アカウントで
登録する

手順**2**の画面で、<Googleで登録>をクリックすると、Google アカウントで Dropbox のアカウントを作成することができます。次の画面で、任意の Google アカウントとパスワードを入力すると、Google アカウントへのアクセスリクエスト画面が表示されるので、<許可>をクリックします。「Dropbox 利用規約に同意します」のチェックボックスをクリックしてチェックを付け、<登録する>をクリックするとアカウントが作成され、手順**7**の画面が表示されます。

4 「パスワード」を入力します。

左下のヒント参照

5 「Dropbox 利用規約に同意します」のチェックボックスをクリックしてチェックを付け、

6 <登録する>をクリックします。

付録 1 主なテレワークツールの導入方法

7 <またはDropbox Basicプラン（2GB）を継続>をクリックします。

Dropbox の高度な機能を無料でお試しください

個人用   ビジネス用

Dropbox Plus   [Recommended]   ## Dropbox Business

✓ 2 TB（2,000 GB）の暗号化されたクラウドストレージ   ✓ 5 TB（5,000 GB）以上の暗号化された
✓ ハードドライブの容量を自動的に解放   ジ
✓ リンクできるデバイス数が無制限   ✓ 中心となるワークスペースでチームのコ
✓ 30 日間 日間のアクシデント、盗難、災害復旧   きます
                                            ✓ 簡単に使えるセキュリティ機能を有効に
30 日間無料トライアル   ✓ 180 日間 日間のアクシデント、盗難、災

                                                30 日間無料トライアル

またはDropbox Basic プラン（2 GB）を継続

8 アカウントが作成され、登録が完了するとデスクトップ版アプリをダウンロードするための画面が表示されます。ここでは×をクリックします。

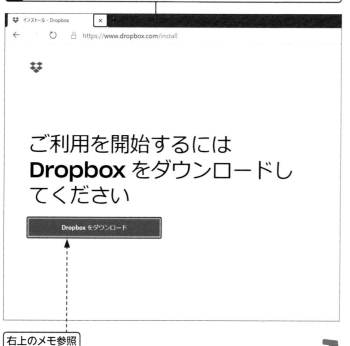

右上のメモ参照

メモ　デスクトップ版アプリのダウンロード

Dropboxには、デスクトップ版の専用アプリがあります。デスクトップ版Dropboxのインストールは、Web版Dropboxから行うことが可能です。手順**8**の画面で、<Dropboxをダウンロード>をクリックするとダウンロードが開始されるので、指示に従って操作し、アプリをインストールします。

メモ　デスクトップ版アプリ

Dropboxのデスクトップ版アプリは、Windows、macOS、Linuxで利用することができます。デスクトップ版アプリのイストールが完了すると、Dropboxデスクトップ版アプリのほか、システムトレイやメニューバーにDropboxアイコン、そしてパソコン内にDropboxフォルダが表示されます。デスクトップ版アプリに加えた変更内容は、自動的にWeb版Dropboxのアカウントへも同期されます。

ヒント パスワードを忘れた場合

パスワードを忘れた場合は、手順**10**の画面で<パスワードを忘れてしまった場合>をクリックします。次の画面で、登録したメールアドレスを入力し、<送信>をクリックすると入力したメールアドレス宛にメールが届くので、メール内にある指示に従ってパスワードを再設定します。

1 <パスワードを忘れてしまった場合>をクリックします。

2 「メールアドレス」を入力し、

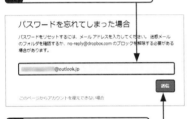

3 <送信>をクリックします。

4 手順**2**で入力したメールアドレスにメールが届くので、メールを開いて<パスワードをリセットする>をクリックします。

5 新しいパスワードを2回入力し、

6 <送信>をクリックします。

9 P.176手順**1**を参考にDropboxのWebサイトを表示します。

10 P.176手順**3**～**4**で登録したメールアドレスとパスワードを入力します。

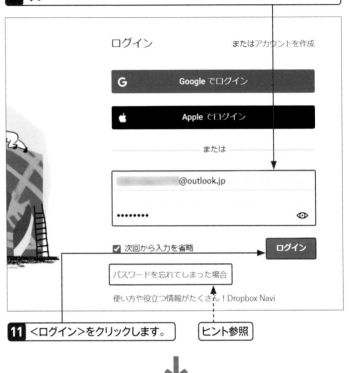

11 <ログイン>をクリックします。

ヒント参照

12 ブラウザ版Dropboxの画面が表示されます。なお、Dropboxにアクセスしたとき、すでにログインしている場合は下の画面が表示されます。

付録2

招待されたテレワークツールへの参加方法

Web会議ツール

ほかの人からメールやチャットなどで共有されたリンクから、Web会議に参加することが可能です。ここでは「Skype」と「Google Meet」で、招待メールからWeb会議に参加する方法を紹介します。

1 Skypeの会議に参加する

1 招待メールを受け取ったらメールソフトなどを起動し、メール内のリンクをクリックします。

2 ここでは、＜キャンセル＞をクリックします。

3 自分の名前をクリックします。

4 Web版Skypeが起動します。＜続行＞をクリックします。

5 ＜会議を開始＞をクリックすると、Skypeの会議に参加できます。

下の説明参照　　　　下の説明参照

6 会議を終了するときは、会議画面で■をクリックします。

手順**5**の画面で＜リンクをコピー＞をクリックすると、クリップボードにSkype会議のURLがコピーされるので、チャットなどで貼り付けて利用することができます。また、■の右にある■をクリックすると、カメラのオン／オフを切り替えできます。音声のオン／オフは■の右にある■でできます。

2 Google Meetの会議に参加する

1 招待メールを受け取ったらメールソフトなどを起動し、共有されたリンクをクリックします。

2 <今すぐ参加>をクリックします。

下の説明参照

手順**2**の画面では、カメラやマイク、背景の設定などができます。をクリックするとマイク、□をクリックするとカメラのオン／オフを切り替えられます。また、をクリックすれば、カメラに写っている背景を変更することができます。背景のパターンが複数表示されるので、任意のものをクリックして選択すると自動的に背景が切り替わります。＋をクリックして、パソコン上の画像を反映することも可能です。

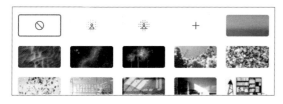

3 Google Meetの会議が開始されます。

下の説明参照

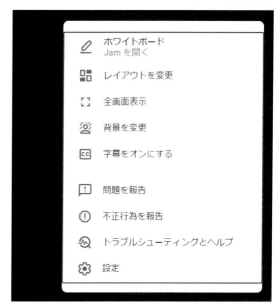

4 会議を終了するときは、⌒をクリックします。

手順**3**の画面で：をクリックすると、表示されたメニューからさまざまな機能を利用できます。メニューの<設定>をクリックすると、音声とカメラの確認・設定変更ができます。また、<ミーティングの詳細>→<参加に必要な情報をコピー>の順にクリックすると、参加URLがクリップボードにコピーされます。Web会議をしながらほかの人を招待することも可能です。

181

覚えておきたいキーワード
☑ ビジネスチャットツール
☑ 招待メール
☑ 参加方法

ビジネスチャットツールにはさまざまな種類があります。そのため、社外の取引先などとやり取りするとき、社内で導入しているツールと異なる場合もあります。チャットやメールなどでツールへ招待されたとき、どのように参加するかの例を紹介します。

1 LINE WORKSの招待に対応する

LINE ユーザーの場合

1 招待LINEに該当するトークルームをタップします。

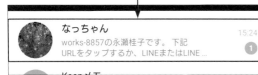

2 メッセージに表示されているリンクをタップします。

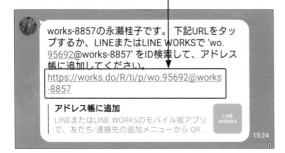

3 <追加>をタップすると、相手がLINEの連絡先に追加されます。

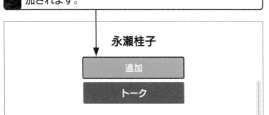

LINE WORKS ユーザーの場合

1 「LINE WORKS」アプリを起動します。◎をタップします。

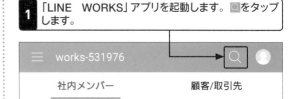

2 LINEで共有されたIDを入力します。

3 候補名が表示されるので、該当の相手をタップします。

4 LINE WORKSの連絡先に追加されました。

2 Google Chat の招待に対応する

1 招待メールを受け取ったらメールソフトなどを起動し、メールの内容を表示します。

2 <CHATを使ってみる>をクリックします。

3 表示された画面で、<次へ>を3回クリックします。

4 <使ってみる>をクリックします。

5 招待されたチャットルームが表示されるので、<参加>をクリックします。

6 「プロジェクトAに参加しました」が表示されるので、<次へ>をクリックします。

7 参加したチャットルームが表示されます。

Google Chatは基本的にGoogle Workspace（旧G Suite）のサービスです。Google Workspaceの有料プランのユーザーでなければ利用できませんが、Google Workspaceのユーザーに招待されたメールから参加すると、Google Chatを利用できます。

1 招待メールを受け取ったらメールソフトなどを起動し、共有されたリンクをクリックします。

2 ブラウザが起動するので、Chatworkアカウントを持っている場合は、<ログイン>をクリックします。ここでは、<今すぐ無料で利用する>をクリックします。

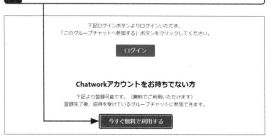

3 メールアドレスを入力します。

4 <次へ進む>をクリックします。

5 手順**3**で入力したメールアドレスにChatworkからメールが届きます。メールソフトなどを起動し、<【Chatwork】アカウント登録のご案内>をクリックします。

| | Chatwork | 【Chatwork】アカウント登録のご案内 - ボタンをクリックしてご登録をお願いしますC... |

6 メール画面に表示された<アカウント登録>をクリックします。

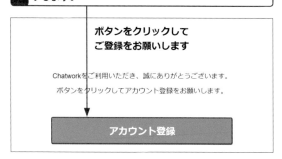

7 「名前」と「パスワード」を入力し、

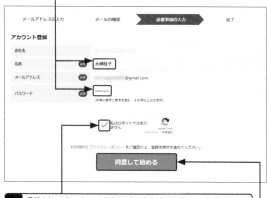

8 「私はロボットではありません」のチェックボックスをクリックしてチェックを付けたら、

9 <同意して始める>をクリックすると、登録が完了します。

10 手順**1**のリンクを再度クリックすると、招待されたグループへ参加できるようになります。<このグループチャットへ参加する>をクリックします。

4 Slackの招待に対応する

1 招待メールを受け取ったらメールソフトなどを起動し、メールを表示します。

2 <今すぐ起動>をクリックします。

3 ブラウザが起動するので、「フルネーム」と「パスワード」を入力し、

4 <アカウントの作成>をクリックします。

5 Slackに参加できました。

プロフィールの編集

招待メールからSlackに参加したら、自分のプロフィールを設定しておくとよいでしょう。プロフィール写真は、以下の手順**3**の「プロフィールの編集」画面で<画像をアップロード>をクリックすると変更できます。Slackでコミュニケーションを取りやすくするため、プロフィールを設定することをおすすめします。

1 画面右上の▣をクリックし、

2 <プロフィールを編集>をクリックします。

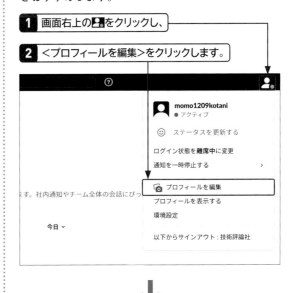

3 「表示名」を入力し、

上の説明参照

4 <変更を保存>をクリックします。

用語集

Chatwort (チャットワーク)
メール、電話、会議など仕事上必要なコミュニケーションを、より効率的に行うためのビジネスチャットツール。通信はすべて暗号化されており、高いセキュリティ水準を誇る。

Google Chat (グーグルチャット)
Google Workspace専用のテキストチャットツール。Google Workspace（旧GSuite）ユーザーのみ利用できる有料サービス。簡易的な会話や、文章に残したい連絡事項を共有するときに利用する。

Google Meet (グーグルミート)
Googleが提供するビデオ会議のWebサービス。従来は、Googleハングアウトと呼ばれていた。専用アプリのインストールが必要なく、Webブラウザ上でビデオ会議を行なえる。

Google Workspace
（グーグルワークスペース）
Googleが提供するクラウド型グループウェア。2020年10月、「G Suite」から名称を変更した。Gmail、Googleドライブ、スプレッドシート、Google Meetなどのさまざまなツールが利用できる。有料プランが6つ用意されており、それぞれ機能や料金が異なる。

LINE WORKS (ラインワークス)
ビジネス版LINE。LINEに代表される機能（メッセージのやり取り、写真・動画共有、スタンプ、無料通話・ビデオ通話）をそのまま使うことができる。まず、管理者となる人が、その組織用のアカウント（「○○社」など）を作り、そこにメンバーを追加・招待することで各機能を利用できる。

Microsoft 365 (マイクロソフト365)
マイクロソフト社のクラウドサービスで、最新のグループウェアサービスと、最新のデスクトップアプリケーション（Microsoft Office）をセットで利用できる個人・法人向けサービス。旧Offise 365。購入するプランによって、使えるアプリとサービスが多少異なる。

OS (オーエス)
「Operating System（オペレーティングシステム）」の略称。パソコンを動かすためのソフトウェアのこと。パソコンでは、マイクロソフト社のWindowsやアップル社のmacOSが有名。ほかには、Googleの開発したChrome OSなどがある。

Slack (スラック)
アメリカのSlack Technology社が開発、運営しているビジネスチャットツール。Webブラウザから利用する方法と、アプリを利用する方法がある。デスクトップ版アプリは、WindowsやmacOSのみならず、Linuxにも対応。モバイル版アプリは、iOS、Android、Windows Phoneの環境に対応するなど幅広いデバイスで利用できる。

Skype (スカイプ)
マイクロソフト社が提供する、クロスプラットフォーム対応のコミュニケーションツール。ビジネス向けには、同社の「Skype for Business」がある。主に音声通話やビデオ通話をはじめ、チャットなどができる無料のソフトウェア。

SSID (エスエスアイディー)
Wi-Fi（無線LAN）で定められているアクセスポイントの識別子（各アクセスポイントの「名前」）がSSID。同じ空間に複数のアクセスポイントがあった場合、混乱を避けるために名付けられている。名前の長さは英数半角文字で最大32文字。

URL (ユーアールエル)
インターネット上のWebサイトの場所を指定するための名前。

USB (ユーエスビー)
パソコンに周辺機器を接続するための規格の1つで、「Universal Serial Bus」（ユニバーサル・シリアル・バス）の頭文字を取ったもの。最近のパソコンのほとんどにUSBコネクターを接続できるポートが搭載されている。

VPN (ブイピーエヌ)
インターネット上に仮想の専用線を設定し、特定の人のみが利用できる専用ネットワークのこと。セキュリティが強化され、安全に通信を行えることが特長。

Webページ (ウェブページ)
Web上で公開されている、文書や画像のような情報（コンテンツ）が表示される文書のこと。Webページは通常、Webブラウザで閲覧する。

Wi-Fi (ワイファイ)
インターネットに接続するための回線形態の1つ。会社や自宅の回線に、無線で通信することができる。

Wi-Fi6 (ワイファイシックス)
最新のWi-Fiの規格であり、規格としては6代目となる。2019年から始動しており、今後普及していくことが見込まれる。従来のWi-Fiと大きく変わる点としては「通信のスピードアップ」「省エネルギー」などが挙げられる。

アカウント
インターネット上のサービスを利用する際の権利のこと。主に、利用登録を必要とするサービスでの人格のこと。「ユーザーアカウント」と呼ばれることもある。必要な個人情報を登録することで、アカウントは取得できる。

アドオン
Webブラウザをより快適に使用するための機能。Webブラウザの検索機能の効率を上げたり、Webサイトの画面を保存したりするなどさまざまな機能を追加できる。アドオンは企業・個人をはじめあらゆる提供元から提供されており、そのほとんどが無料。

アップロード
手元の端末・デバイスから、インターネットを介してサーバーにデータを送ること。ロードとは、コンピュータの補助記憶装置にあるプログラムやデータなどをハードディスク・SSDに移すことを指す。

アプリ
Application Software（アプリケーションソフトウェア）の略で、目的にあった作業をする応用ソフトウェアのこと。

インストール
ダウンロードしたソフトウェアを、パソコンのシステムに組み込んで使えるようにすること。

インストールする際は、ダウンロード元のページやソフトウェアが信頼できるものか、注意する必要がある。

オンプレミス
サーバーやソフトウェアなどの情報システムを使用者（ビジネス利用の場合は企業）が、管理する設備内に設置し、運用することを指す。自社運用とも。自社内での構築・運用のため、サーバー調達に期間を要したり、初期導入コストが高かったりするなどの難点はあるが、カスタマイズについては自由に行うことができる。

オンライン
インターネットに接続している状態のことを指す。パソコンやスマートフォンがインターネットに接続しているときは「オンライン」。対義語として「オフライン」があり、文字通り「オフ（切る）」で、インターネットから切断された状態のことをいう。オンラインにさえなっていれば、仕事はもちろんあらゆる調べものやオンラインツールの利用が可能。

クラウド
「クラウドコンピューティング」という言葉の略称。データやアプリが目の前のパソコンの中にあるのではなく、ネットワークにつながった先、「クラウド」上に保存されている。「雲」を意味する「クラウド」という言葉が使われているのは、コンピュータ技術者たちが、図上で「ネットワーク」を示す際に雲の絵を使うことが多かったからだといわれる。

共有
狭義では、ネットワークを通じて、複数のコンピュータや利用者間で、ファイルやフォルダ（ディレクトリ）を共同で利用すること。広義では、インターネット上のサービスなどを通じて行われるものも含まれている。

サインイン
システムに自分の個人情報を入力し、接続や利用開始を申請すること。システムが保管している個人情報と一致すると、事前に定められた権限に基づき、そのシステムの利用が可能になる。

サブスクリプション
料金を支払うことで、製品及びサービスを一定期間利用することができるという形式のビジネスモデル。日本語に訳すと「予約購読」「定期購読」という意味。データやソフトウェアを利用するようなデジタル領域でサービスが盛んで、主に利用するユーザーのニーズや需要に注目して、それに応える形でサービスを提供する。

スリープ
コンピュータの動作を一時停止させ、省電力状態で待機させることを指す。完全に電源をオフにする（シャットダウン）とは異なり、停止前の状態から速やかに再開できるのが特徴。少しの間、席を外すときなどに、スリープ状態にしておくと、戻ってきたときにすぐ作業を開始できるので便利。

ダウンロード
サーバーからインターネットを介して、手元の端末・デバイスにデータを送ること。ロードとは、コンピュータの補助記憶装置にあるプログラムやデータなどをハードディスク・SSDに移すことを指す。

電子印鑑
パソコンで使用可能な印鑑のこと。電子印鑑はデータとして作成されており、必要に応じて電子文書にかんたんに押印できる。テレワーク下において、業務上必要な社印の押印を紙媒体で行うと非常に手間がかかるが、電子印鑑を利用することでデジタル上で処理できるので、大変便利である。

ディスプレイ
パソコンなどの情報機器の出力装置の1つ。画面を発光させて、映像などを映し出す表示装置のこと。「モニター」とも呼ばれる。

パスワード
利用者が、本人であるか確認するために用いられる秘密の文字列。事前に登録したものと、認証時に入力するものが一致すると本人であるとみなされる。

バックアップ
データが破損したときに、その壊れてしまったデータと入れ替えるために、あらかじめ元のデータを複製しておくこと。

光回線インターネット
光ファイバーケーブルを使用し、電気信号を光に変えて伝達することで、データの伝送を高速で行う通信回線。インターネットなどに接続する際の安定した広域回線網として普及している。

フォルダ
複数のファイルを1つにまとめて整理するための保管場所。ストレージ（外部記憶装置）上でファイルを保管する「ディレクトリ」を含むので、同義語のように用いられることが多い。

モバイルWi-Fi（モバイルワイファイ）
「モバイルWi-Fiルーター」「ポケットWi-Fi」とも呼ばれる。インターネットに接続するための小型で軽量な通信端末のこと。パソコンをはじめ、スマートフォン、タブレットなどWi-Fi接続機能をもつ端末をモバイルWi-Fiと接続することで、インターネットを利用することができる。スマートフォンと同程度の大きさか、小さいくらいのサイズのため、バッグやポケットに入れてかんたんに持ち運べる。自宅でも外出先でも時間と場所を選ばず、インターネットに接続できるのが利点だが、利用プランによっては通信料が大きくなる。

リンク
「ハイパーリンク」とも呼ばれる。テキストファイルや画像、音声データ同士を文書内で相互に結び付けるしくみのこと。また、Webにおいては、Webページに埋め込まれたほかのWebページのURLへジャンプするしくみとしてよく用いられる。

ルーター
複数の異なるネットワーク間で、データのやり取りを中継するための機器。データ送受信の制御も行う。通過するパケットの宛先IPアドレスを見て、パケットを最適な経路につなぐ役目を担う。

ログイン
コンピュータに自分の個人情報を入力し、接続や利用開始を申請すること。「ログオン」ともいう。対義語として、接続を切ったり、利用を終了したりする操作を「ログオフ」「ログアウト」という。

索引

Microsoft Teams

Chrome リモート デスクトップ

Google カレンダー

■ お問い合わせについて

本書に関するご質問については、本書に記載されている内容に関するもののみとさせていただきます。本書の内容と関係のないご質問につきましては、一切お答えできませんので、あらかじめご了承ください。また、電話でのご質問は受け付けておりませんので、必ずFAXか書面にて下記までお送りください。
なお、ご質問の際には、必ず以下の項目を明記していただきますようお願いいたします。

1　お名前
2　返信先の住所または FAX 番号
3　書名 (今すぐ使えるかんたん テレワーク入門)
4　本書の該当ページ
5　ご使用の OS とソフトウェアのバージョン
6　ご質問内容

なお、お送りいただいたご質問には、できる限り迅速にお答えできるよう努力いたしておりますが、場合によってはお答えするまでに時間がかかることがあります。また、回答の期日をご指定なさっても、ご希望にお応えできるとは限りません。あらかじめご了承くださいますよう、お願いいたします。

■ 問い合わせ先

〒 162-0846
東京都新宿区市谷左内町 21-13
株式会社技術評論社　書籍編集部
「今すぐ使えるかんたん テレワーク入門」質問係
FAX番号　03-3513-6167
https://book.gihyo.jp/116

■ お問い合わせの例

FAX

1　お名前
　技術　太郎

2　返信先の住所または FAX 番号
　03-XXXX-XXXX

3　書名
　今すぐ使えるかんたん
　テレワーク入門

4　本書の該当ページ
　150 ページ

5　ご使用の OS とソフトウェアのバージョン
　Windows 10

6　ご質問内容
　手順 2 の操作をしても、手順 3 の
　画面が表示されない

※ ご質問の際に記載いただきました個人情報は、回答後速やかに破棄させていただきます。

今すぐ使えるかんたん テレワーク入門

2021年3月2日　初版　第1刷発行
2021年3月3日　初版　第2刷発行

著　者 ● リンクアップ
発行者 ● 片岡　巌
発行所 ● 株式会社 技術評論社
　　　　東京都新宿区市谷左内町 21-13
　　　　電話　03-3513-6150　販売促進部
　　　　　　　03-3513-6160　書籍編集部
装丁 ● 田邉　恵里香
本文デザイン ● リンクアップ
本文イラスト ● 千葉　さやか
DTP ● リンクアップ
編集 ● リンクアップ
担当 ● 田村　佳則 (技術評論社)
製本／印刷 ● 大日本印刷株式会社

定価はカバーに表示してあります。

ISBN978-4-297-11876-1 C3055
Printed in Japan